"十四五"普通高等学校规划教材

电工与电子技术实验教程

张吉卫　主　编

张良智　王晓红　副主编

中国铁道出版社有限公司

CHINA RAILWAY PUBLISHING HOUSE CO., LTD.

内 容 简 介

本书分为电路原理、电工技术、模拟电子技术、数字电子技术 4 篇,共 54 个实验。主要包括电路基本定律、分析方法,动态电路分析,二端口网络分析,交流电路分析,三相交流电路分析,三相异步电动机电气控制,各种类型基本放大电路,运算放大器的线性和非线性应用,线性直流电源,门电路,组合逻辑电路,触发器,时序逻辑电路,555 时基电路,模/数(A/D)、数/模(D/A)转换电路等实验内容。

本书内容理实结合,注重实践,有助于全面提高学生的实验技能,适合作为普通高等学校应用型本科电气、电子、机械等理工科专业"电路原理""电工技术""模拟电子技术""数字电子技术"等课程的实验教材。

图书在版编目(CIP)数据

电工与电子技术实验教程/张吉卫主编 . —北京:
中国铁道出版社有限公司,2021. 2(2025. 1 重印)
"十四五"普通高等学校规划教材
ISBN 978-7-113-27501-3

Ⅰ. ①电… Ⅱ. ①张… Ⅲ. ①电工技术-实验-高等
学校-教材②电子技术-实验-高等学校-教材
Ⅳ. ①TM-33②TN-33

中国版本图书馆 CIP 数据核字(2020)第 250079 号

书　　名:电工与电子技术实验教程
作　　者:张吉卫

策　　划:邬郑希　　　　　　　　　　　编辑部电话:(010)51873135
责任编辑:张松涛　绳　超
封面设计:郑春鹏
责任校对:孙　玫
责任印制:赵星辰

出版发行:中国铁道出版社有限公司(100054,北京市西城区右安门西街 8 号)
网　　址:https://www.tdpress.com/51eds
印　　刷:北京市科星印刷有限责任公司
版　　次:2021 年 2 月第 1 版　　　2025 年 1 月第 2 次印刷
开　　本:787 mm×1 092 mm　1/16　印张:11　字数:253 千
书　　号:ISBN 978-7-113-27501-3
定　　价:35.00 元

前　言

电路原理、模拟电子技术、数字电子技术是高等学校电气、电子和其他相近类专业的重要专业基础课程,而电工学则是高等学校非电类理工专业的学科基础课,其中,电工学涵盖电路原理、电子技术以及电气控制技术等内容。这几门课内容各有侧重点、难易程度不同,共同特点是实践性较强,需要安排一定课时的实验。另外,虽然各高校使用的相关实验设备厂家各异,但实验项目和实验内容基本一致。因而有必要编写一本能涵盖这几门课的通用实验教材,以满足各不同专业学生学习这几门课的实验需求。本书基于编者多年来的实验教学的经验和体会,参照教育部制订的相关课程的教学基本要求,结合当前的一些新技术和实验设备编写而成。

全书分为 4 篇,共有 54 个实验。

实验 1 ~ 实验 15 为电路原理实验,主要内容包括电路基本定律、分析方法,动态电路分析实验,二端口网络分析等。

实验 16 ~ 实验 26 为电工技术实验,主要内容包括交流电路分析,三相交流电路分析,三相异步电动机点动、连续运转、降压启动、制动和顺序控制等。

实验 27 ~ 实验 45 为模拟电子技术实验,主要内容包括常用电子仪器使用、各种类型基本放人电路、射极跟随器、运算放大器的线性和非线性应用、线性直流电源等。

实验 46 ~ 实验 54 为数字电子技术实验,主要内容包括门电路,译码器,组合逻辑电路,各种触发器,锁存器,时序逻辑电路,计数器,555 时基电路,模/数(A/D)、数/模(D/A)转换电路等。

本书从提高学生综合素质的角度出发,通过对一些典型电路进行电路连接、实验调试和参数测量,加强学生对书本知识的理解,使他们掌握电路、电工和电子技术实验的基本技能和实验方法。锻炼学生的实际动手能力,使理论知识与实践充分地结合,培养不仅具有专业知识,而且具有较强实际操作能力,分析问题和解决问题能力,并且注重团队合作、共同探讨、共同进步的高素质人才。

本书适合作为普通高等学校应用型本科电气、电子、机械等理工科专业"电路原理""电工技术""模拟电子技术""数字电子技术"等课程的配套实验教材。教师可根据学时和培养目标的不同,选择部分内容施教。

　　本书由张吉卫任主编,张良智、王晓红任副主编。山东交通学院轨道交通学院的领导对本书的编写给予了大力支持;在本书的编写过程中,编者参考和引用了有关专家的著作,谨在此一并致谢!

　　由于时间仓促,加之编者水平有限,书中难免存在不足之处,敬请广大读者批评指正。

编　者
2020 年 8 月

目　录

第 3 篇　模拟电子技术

第 4 篇　数字电子技术

第1篇 电路原理

实验1 电路元件伏安特性的测量

1.1 实验目的

(1)学会识别常用电路和元件的方法。

(2)掌握线性、非线性元件及电压源和电流源伏安特性的测试方法。

(3)学会常用直流电工仪表和设备的使用方法。

1.2 实验原理

任何一个二端元件的端电压 U 与通过该元件的电流 I 之间的函数关系 $I = f(U)$，在 $I-U$ 平面上为一条曲线，即元件的伏安特性曲线。

(1)线性电阻的伏安特性曲线是一条通过坐标原点的直线，如图 1.1 中直线 a 所示，该直线的斜率等于该电阻的电阻值。

(2)一般白炽灯在工作时灯丝处于高温状态，其灯丝电阻随着温度的升高而增大。通过白炽灯的电流越大，其温度越高，阻值也越大。一般灯泡的"冷电阻"与"热电阻"的阻值相差几倍至几十倍，所以它的伏安特性曲线如图 1.1 中曲线 b 所示。

(3)半导体二极管(简称"二极管")是一个非线性电阻元件，其伏安特性曲线如图 1.1 中曲线 c 所示。正向压降很小(锗管为 0.2 ~ 0.3 V，硅管为 0.5 ~ 0.7 V)，正向电流随正向压降的升高而急剧上升，而反向电压从零一直增加到几十伏时，其反向电流增加很小，可忽略为零。可见，二极管具有单向导电性，但反向电压加得过高，超过二极管的反向击穿电压值，则会导致二极管击穿损坏。

(4)稳压二极管是一种特殊的半导体二极管，其正向特性与普通二极管类似，但其反向特性较特别，如图 1.1 中曲线 d 所示。在反向电压开始增加时，其反向电流几乎为零，但当电压增加到某一数值时(称为稳压二极管的稳压值)电流将突然增加，以后它的端电压将维持恒定，不再随外加的反向电压升高而增大。注意：流过稳压二极管的电流不能超过稳压二极管的极限值，否则稳压二极管会被烧坏。

(5)电压源等效为恒压源与内阻串联而成的电源，

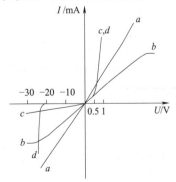

图 1.1 各种电路元件的伏安特性曲线

当内阻较小接近零时,电压源端电压 U 近似为恒定值,电压源电流 I 随负载变化而变化。

(6)电流源等效为恒流源与内阻并联而成的电源,当内阻为无穷大时,电流源电流 I 近似为恒定值,电流源端电压 U 随负载变化而变化。

1.3　实验设备

(1)可调直流稳压电源(0~12 V 或 0~30 V)。

(2)数字万用表。

(3)直流数字毫安表。

(4)直流数字电压表。

(5)可调电位器或滑线变阻器。

(6)二极管(IN4007)。

(7)稳压管(2CW51)。

(8)白炽灯(6.3 V)。

(9)线性电阻(1 kΩ/1 W)。

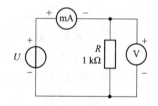

图 1.2　线性电阻的伏安
特性测量电路

1.4　实验内容

1. 测定线性电阻器的伏安特性

按图 1.2 接线,调节稳压电源的输出电压 U,从 0 开始缓慢增加,一直到 10 V,将数据记入表 1.1 中。

表 1.1　线性电阻器伏安特性实验数据

U_R/V	0	2	4	6	8	10
I/mA						

2. 测定 6.3 V 白炽灯的伏安特性

将图 1.2 中的 R 换成一只 6.3 V 的白炽灯,重复 1 的步骤。注意:电压 U 不能超过 6.3 V。将数据记入表 1.2 中。

表 1.2　6.3 V 白炽灯伏安特性实验数据

U_R/V	0	1	2	3	4	5	6	6.3
I/mA								

3. 测定半导体二极管的伏安特性

按图 1.3 接线,R 为限流电阻。测二极管的正向特性时,其正向电流不得超过 35 mA,二极管 D 的正向施压 U_{D+} 可在 0~0.75 V 之间取值,特别是在 0.5~0.75 V 之间更应多取几个测量点。做反向特性实验时,只需将图 1.3 中的二极管 D 反接,且其反向施压 U_{D-} 可加到 30 V。将数据分别记入表 1.3 和表 1.4 中。

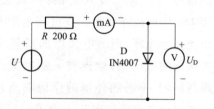

图 1.3　半导体二极管的伏安
特性测量电路

表 1.3　半导体二极管正向特性实验数据

U_{D+}/V	0.10	0.30	0.50	0.55	0.60	0.65	0.70	0.75
I/mA								

表 1.4　半导体二极管反向特性实验数据

U_{D-}/V	0	−5	−10	−15	−20	−25	−30
I/mA							

4. 测定稳压二极管的伏安特性

只需将图 1.3 中的二极管换成稳压二极管,重复实验内容 3 的测量,测量点自定。将数据分别记入表 1.5 和表 1.6 中。

表 1.5　稳压二极管正向特性实验数据

U_{D+}/V								
I/mA								

表 1.6　稳压二极管反向特性实验数据

U_{D-}/V								
I/mA								

5. 测定电压源伏安特性

按图 1.4 连接电路图,调节 U_S 为 5 V(等于 R 开路时的 U 值),改变 R_L 的值,测量 U 和 I 的值。将数据记入表 1.7 中。

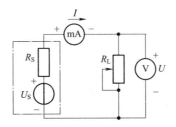

图 1.4　电压源的伏安特性测量电路

表 1.7　电压源伏安特性实验数据

R_L/Ω	100	200	300	500	600	700	800
I/mA							
U/V							

6. 测定电流源伏安特性

按图 1.5 连接电路图,调节 I_S 的值为 10 mA(等于 R_L 短路时的 I 值),改变 R_L 的值,测出各种不同 R_L 值时的 I 和 U,将数据记入表 1.8 中。

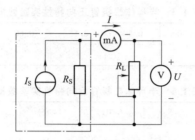

图 1.5   电流源的伏安特性测量电路

表 1.8   电流源伏安特性实验数据

R_L/Ω	100	200	300	500	600	700	800
I/mA							
U/V							

实验注意事项：

（1）测二极管正向特性时,稳压电源输出应由小至大逐渐增加,应时刻注意电流表读数不得超过 35 mA。

（2）进行不同实验时,应先估算电压和电流值,合理选择仪表的量程,切勿使仪表超量程,仪表的极性亦不可接错。

1.5   思考题

（1）线性元件与非线性元件的概念是什么？电阻元件与二极管的伏安特性有何区别？

（2）设某器件伏安特性曲线的函数式为 $I = f(U)$,试问在逐点绘制曲线时,其坐标变量应如何放置？

（3）在图 1.3 中,设 $U = 3$ V,$U_D = 0.7$ V,则毫安表读数为多少？

（4）稳压二极管与普通二极管有何区别？其用途有哪些？

1.6   实验报告

（1）根据各实验数据,分别在方格纸上绘制出光滑的伏安特性曲线。（其中,二极管正、反向特性要求画在同一张图中,正、反向电压可取为不同的比例尺。）

（2）根据实验结果,总结、归纳各被测元件的特性。

（3）进行必要的误差分析。

实验 2 直流电路中电位、电压的关系研究

2.1 实验目的
(1)验证电路中电位与电压的关系。
(2)掌握电路电位和电压的测量方法。

2.2 实验原理
在一个闭合电路中,各点电位的高低视所选的电位参考点的不同而改变,但任意两点间的电位差(即电压)则是绝对的,它不因参考点的变动而改变。据此性质,可用一只电压表来测量电路中各点的电位及任意两点间的电压。

2.3 实验设备
(1)可调两路直流稳压电源(0 ~ 30 V)。
(2)数字万用表。
(3)直流数字毫安表。
(4)直流数字电压表。
(5)电路原理实验箱。

2.4 实验内容
实验电路接线如图 2.1 所示。

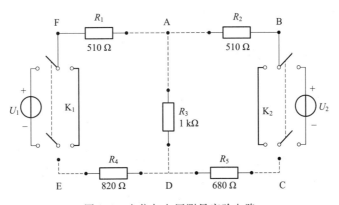

图 2.1 电位与电压测量实验电路

(1)分别将两路直流稳压电源接入电路,令 $U_1 = 6$ V,$U_2 = 12$ V。(先调整输出电压值,再接入实验电路中。电压应该用万用表测量。)

(2)以图 2.1 中的 A 点作为电位的参考点,分别测量 B、C、D、E、F 各点的电位值 V 及相邻两点之间的电压值 U_{AB}、U_{BC}、U_{CD}、U_{DE}、U_{EF} 及 U_{FA},将数据记入表 2.1 中。

以 D 点作为参考点,重复实验内容(2)的测量,将数据记入表 2.1 中。

表 2.1　电路中电位与电压关系实验数据

电位参考点	V 与 U/V	V_A	V_B	V_C	V_D	V_E	V_F	U_{AB}	U_{BC}	U_{CD}	U_{DE}	U_{EF}	U_{FA}
A	计算值												
A	测量值												
A	相对误差												
D	计算值												
D	测量值												
D	相对误差												

实验注意事项：

(1)本实验电路单元可设计多个实验,在做本实验时根据给出的电路图选择开关位置,连成具体电路。

(2)测量电位时,用万用表的直流电压挡或用数字直流电压表测量时,用负表笔(黑色)接参考电位点,用正表笔(红色)接被测点,若显示正值,则表明该点电位为正(即高于参考点电位);若显示负值,此时应调换万用表的表笔,然后读出数值,此时在电位值之前应加一负号(表明该点电位低于参考点电位)。

2.5　思考题

若以 F 点为参考电位点,实验测得各点的电位值;现令 E 点作为参考电位点,试问此时各点的电位值应有何变化?

2.6　实验报告

(1)完成数据表格中的计算,对误差做必要的分析。

(2)总结电位相对性和电压绝对性的结论。

实验 3　基尔霍夫定律

3.1　实验目的

(1)加深对基尔霍夫定律的理解,用实验数据验证基尔霍夫定律。

(2)学会用电流表测量各支路电流。

3.2　实验原理

(1)基尔霍夫电流定律(KCL):对电路中的任一个节点而言,流入电路的任一节点的电流总和等于从该节点流出的电流总和,即 $\sum I = 0$。该定律是电流的基本定律。

(2)基尔霍夫电压定律(KVL):对任何一个闭合回路而言,沿闭合回路电压的代数总和等于零,即 $\sum U = 0$。这一定律实质上是电压与路径无关性质的反映。

基尔霍夫定律的形式对各种不同的元件所组成的电路都适用,对线性和非线性电路也都适用。运用上述定律时必须注意各支路或闭合回路中电流的正方向,此方向可预先任意设定。

3.3　实验设备

(1)可调两路直流稳压电源(0 ~ 30 V)。

(2)数字万用表。

(3)直流数字毫安表。

(4)直流数字电压表。

(5)电路原理实验箱。

3.4　实验内容

连接出验证基尔霍夫定律的单元电路(见图 2.1)。把开关 K_1 接通 U_1,K_2 接通 U_2。

(1)实验前先任意设定三条支路和三个闭合回路的电流正方向。图 2.1 中的 I_1、I_2、I_3 的方向已设定,分别为 F→A,B→A,A→D。三个闭合回路的电流正方向可设为 ADEFA、BADCB、FBCEF。

(2)分别将两路直流稳压源接入电路,令 $U_1 = 12$ V,$U_2 = 6$ V。

(3)用电流表分别测量 3 条支路的电流,并记入表 3.1 中。

表 3.1　支路电流实验数据

被测值	I_1/mA	I_2/mA	I_3/mA	$\sum I$/mA
计算值				
测量值				
相对误差				

(4)用直流数字电压表分别测量两路电源及电阻元件上的电压值,并记入表 3.2 中。

表 3.2　各元件电压实验数据

被测值	$U_{EF}/$ V	$U_{FA}/$ V	$U_{AB}/$ V	$U_{BC}/$ V	$U_{CD}/$ V	$U_{DE}/$ V	$U_{AD}/$ V	回路 FBCEF $\sum U/V$	回路 ADEFA $\sum U/V$
计算值									
测量值									
相对误差									

实验注意事项：

（1）所有需要测量的电压值，均以电压表测量的读数为准。U_1、U_2 也需测量，不应取电源本身的显示值。

（2）防止稳压电源两个输出端碰线短路。

（3）所读得的电压或电流值的正、负号应根据设定的电压、电流参考方向来判断。

（4）测量时，应先估算电流、电压的大小，以选择合适的量程，以免损坏电表。

3.5　思考题

（1）根据图 2.1 所示的电路测量参数，计算出待测的电流 I_1、I_2、I_3 和各电阻上的电压值，记入表 3.1、表 3.2 中，以便实验测量时，可正确地选定毫安表和电压表的量程。

（2）实验中，用直流数字毫安表测各支路电流时，在什么情况下可能出现负值，应如何处理？在记录数据时应注意什么？

3.6　实验报告

（1）根据实验数据，选定节点 A，验证 KCL 的正确性。

（2）根据实验数据，选定实验电路中的两个闭合回路，验证 KVL 的正确性。

（3）分析误差原因。

实验 4 叠加定理的验证

4.1 实验目的

(1)验证线性电路叠加定理的正确性,加深对线性电路叠加性和齐次性的认识和理解。

(2)学习复杂电路的连接方法。

4.2 实验原理

如果把独立电源称为激励,由它引起的支路电压、电流称为响应,则叠加定理可以简述为:在有多个独立源共同作用下的线性电路中,通过每一个元件的电流或其两端的电压,可以看成是每一个独立源单独作用时在该元件上所产生的电流或电压的代数和。

在含有受控源的线性电路中,叠加定理也是适用的。但叠加定理不适用于功率计算,因为在线性网络中,功率是电压或者电流的二次函数。

线性电路的齐次性是指当激励信号(某独立源的值)增加或减少 K 倍时,电路的响应(即在电路其他各电阻元件上所建立的电流和电压值)也将增加或减小 K 倍。

4.3 实验设备

(1)可调两路直流稳压电源(0 ~ 30 V)。

(2)数字万用表。

(3)直流数字毫安表。

(4)直流数字电压表。

(5)电路原理实验箱。

4.4 实验内容

实验电路(见图 2.1)。

(1)将两路稳压源的输出分别调节为 12 V 和 6 V,接到 U_1 和 U_2 处。

(2)令 U_1 电源单独作用(将开关 K_1 投向 U_1 侧,开关 K_2 投向短路侧)。用直流数字电压表和毫安表分别测量各支路电流及各电阻元件两端的电压,将数据记入表 4.1 中。

表 4.1 叠加定理测量数据

项　　目	U_1/ V	U_2/ V	I_1/ mA	I_2/ mA	I_3/ mA	U_{AB}/ V	U_{CD}/ V	U_{AD}/ V	U_{DE}/ V	U_{EA}/ V
U_1 单独作用	12	0								
U_2 单独作用	0	6								
$U_1 U_2$ 共同作用	12	6								
U_2 单独作用	0	12								

(3)令 U_2 电源单独作用(将开关 K_1 投向短路侧,开关 K_2 投向 U_2 侧),重复实验内容(2)的测量,将数据记入表 4.1 中。

(4)令 U_1 和 U_2 共同作用(开关 K_1 和开关 K_2 分别投向 U_1 侧和 U_2 侧),重复实验内容(2)的

测量,将数据记入表 4.1 中。

(5)将 U_2 的数值调至 +12 V,重复实验内容(3)的测量,将数据记入表 4.1 中。

实验注意事项:

(1)用电流表测量各支路电流时,或者用电压表测量电压降时,应注意仪表的极性,正确判断测得值的 + 、− 号后,再将数据记入表中。

(2)注意仪表量程的及时更换。

4.5　思考题

(1)可否直接将不起作用的电源(U_1 或 U_2)短接置零?

(2)实验电路中,若有一个电阻改为二极管,试问叠加定理的叠加性与齐次性还成立吗?为什么?

4.6　实验报告

(1)根据实验数据表格,进行分析、比较、归纳、总结实验结论,即验证线性电路的叠加性与齐次性。

(2)各电阻所消耗的功率能否用叠加定理计算得出?试用上述实验数据,进行计算并得出结论。

实验 5　戴维南定理和诺顿定理的验证

5.1　实验目的

(1)验证戴维南定理和诺顿定理,加深对戴维南定理和诺顿定理的理解。

(2)掌握有源二端口网络等效电路参数的测量方法。

5.2　实验原理

(1)任何一个线性含源网络,如果仅研究其中一条支路的电压和电流,则可将电路的其余部分看作是一个有源二端口网络(又称有源二端网络),如图 5.1(a)所示。

戴维南定理指出:任何一个线性有源二端网络,总可以用一个电压源和一个电阻的串联来等效代替,如图 5.1(b)所示,其电压源的电动势 U_S 等于这个有源二端网络的开路电压 U_{OC},其等效内阻 R_S 等于该网络中所有独立源均置零(理想电压源视为短接,理想电流源视为开路)时的等效电阻 R_0。

诺顿定理指出:任何一个线性有源二端网络,总可以用一个电流源与一个电阻并联来等效代替,如图 5.1(c)所示,此电流源的电流 I_S 等于这个有源二端网络的短路电流 I_{SC},其等效内阻 R_S 定义同戴维南定理。

$U_{OC}(U_S)$ 和 R_0 或者 $I_{SC}(I_S)$ 和 R_0 称为有源二端网络的等效参数。

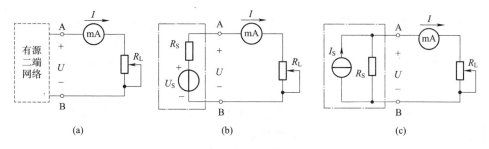

(a)　　　　　　　　　(b)　　　　　　　　　(c)

图 5.1　戴维南定理和诺顿定理

(2)有源二端网络等效参数的测量方法。在有源二端网络输出端开路时,用电压表直接测其输出端的开路电压 U_{OC},然后再将其输出端短路,用电流表测其短路电流 I_{SC},其等效内阻 $R_0 = U_{OC}/I_{SC}$。如果二端网络的内阻很小,若将其输出端短路,则易损坏其内部元件,因此不宜用此法。

有源二端网络等效电阻的直接测量法,如图 5.1(a)所示。将被测有源二端网络的所有独立源置零(去掉电流源 I_S 和电压源 U_S,并在原电压源所接的两点用一根短路导线相连),然后用伏安法或者直接用万用表的欧姆挡去测定负载 R_L 开路时 A、B 两点间的电阻,此即为被测网络的等效电阻 R_0。

5.3　实验设备

(1)可调两路直流稳压电源(0~30 V)。

（2）可调直流恒流源。

（3）数字万用表。

（4）直流数字毫安表。

（5）直流数字电压表。

（6）电路原理实验箱。

5.4 实验内容

被测有源二端网络如图 5.2 所示。

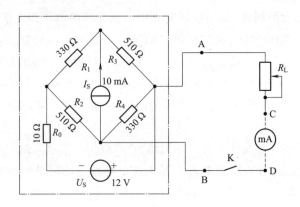

图 5.2 被测有源二端网络

（1）测开路电压 U_{OC} 和短路电流 I_{SC}。按图 5.2 接入稳压电源 $U_S = 12$ V、恒流源 $I_S = 10$ mA 和直流数字毫安表。

测开路电压 U_{OC}：断开开关 K，相当于断开负载 R_L，用电压表在 A、B 两点间测量开路电压 U_{OC}，将数据计入表 5.1 中。

测短路电流 I_{SC}：用短路线连接 A、C 两点，相当于短路负载 R_L，闭合开关 K，用电流表测量短路电流 I_{SC}，将数据计入表 5.1 中，并计算出 R_0。

表 5.1 有源二端网络等效参数

U_{OC}/V	I_{SC}/mA	$R_0 = (U_{OC}/I_{SC})/\Omega$

（2）负载实验。按图 5.2 接入 R_L，改变 R_L 阻值，测量有源二端网络的外特性电压、电流值，并记入表 5.2 中。

表 5.2 有源二端网络外特性电压、电流实验值

R_L/Ω	1 800	1 600	1 400	1 200	1 000	800	600	400	200
U/V									
I/mA									

（3）验证戴维南定理。用一只 1 kΩ 的电位器作为 R_0，将其阻值调整到等于按实验内容

(1)所得的等效电阻 R_0 之值,然后令其与直流稳压电源 U_S[调到实验内容(1)时所测得的开路电压 U_{OC} 之值]相串联,如图 5.1(b)所示,把 U_S 和 R_L 串联成一个回路。仿照实验内容(2)测其外特性,对戴维南定理进行验证。将测量数据记入表 5.3 中。

表 5.3 等效电压源外特性电压、电流值

R_L/Ω	1 800	1 600	1 400	1 200	1 000	800	600	400	200
U/V									
I/mA									

(4)验证诺顿定理。用一只 1 kΩ 的电位器作为 R_0,将其阻值调整到等于按实验内容(1)所得的等效电阻 R_0 之值,然后令其与直流恒流源 I_S[调到实验内容(1)时所测得的短路电流 I_{SC} 之值]相并联,如图 5.1(c)所示,把 I_S 和 R_0 并联然后再与 R_L 串联。把 R_L 改换不同的阻值测其外特性,对诺顿定理进行验证。将测量数据记入表 5.4 中。

表 5.4 等效电流源外特性电压、电流值

R_L/Ω	1 800	1 600	1 400	1 200	1 000	800	600	400	200
U/V									
I/mA									

实验注意事项:

(1)测量时,应注意电流表量程的更换。

(2)改接线路时,要关掉电源。

5.5 思考题

(1)在求戴维南或诺顿等效电路时,作短路实验,测 I_{SC} 的条件是什么?在本实验中可否直接作负载短路实验?

(2)说明测有源二端网络开路电压及等效内阻的几种方法,并比较其优缺点。

5.6 实验报告

(1)据实验内容(2)~(4),分别绘出曲线,验证戴维南定理和诺顿定理的正确性,并分析产生误差的原因。

(2)根据测得的 U_{OC} 与 R_0,与预习时电路计算的结果作比较。

(3)归纳、总结实验结果。

实验 6　电压源与电流源的等效变换

6.1　实验目的

(1)掌握电源外特性的测试方法。

(2)验证电压源与电流源等效变换的条件。

6.2　实验原理

(1)一个直流稳压电源在一定的电流范围内,具有很小的内阻。故在使用中,常将它视为一个理想的电压源,即其输出电压不随电流而变化。一个恒流源在使用中,在一定的电压范围内,具有极大的内阻,可视为一个理想的电流源,其输出电流不随电压而变化。

(2)一个实际的电压源(或电流源),其端电压(或输出电流)不可能不随负载而变,因为它具有一定的内阻。故在实验中,用一个小阻值的电阻(或大电阻)与稳压源(或恒流源)相串联(或并联)来模拟一个实际的电压源(或电流源)。

(3)一个实际的电源,就其外部特性而言,既可以看成是一个电压源,又可以看成是一个电流源。若视为电压源,则可用一个理想电压源 U_S 与一个电阻 R_0 相串联的组合来表示;若视为电流源,则可用一个理想电流源 I_S 与一个电阻 R_0 相并联的组合来表示。如果这两种电源能向同样大小的负载供出同样大小的电流和端电压,则称这两个电源是等效的,即具有相同的外特性。

一个电压源和一个电流源等效变换的条件如下:

(1)电压源和电流源内阻均为 R_0。

(2)已知电压源 U_S 和电阻 R_0,则电流源 $I_S = U_S/R_0$。

(3)已知电流源 I_S 和电阻 R_0,则电压源 $U_S = I_S R_0$。

电压源和电流源等效变换如图 6.1 所示。

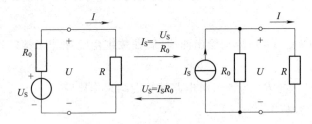

图 6.1　电压源和电流源等效变换

6.3　实验设备

(1)可调两路直流稳压电源(0 ~ 30 V)。

(2)可调直流恒流源。

(3)数字万用表。

(4)直流数字毫安表。

（5）直流数字电压表。

（6）电路原理实验箱表。

6.4 实验内容

1. 测定实际电压源的外特性

按图 6.2 接线,点画线框可模拟为一个实际的电压源,理想电压源 U_S 为可调直流稳压电源,将输出电压调到 +6 V。调节 R_2,令其阻值由大至小变化,将两表的读数记入表 6.1 中。

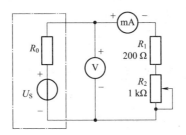

图 6.2 实际电压源

表 6.1 实际电压源的外特性实验数据

U/V						
I/mA						

2. 测定电流源的外特性

按图 6.3 接线,I_S 为直流恒流源,调节其输出为 10 mA,调节电位器 R_2(从 0 至 1 kΩ),测出电压表和电流表的读数。将实验数据记入表 6.2 中。

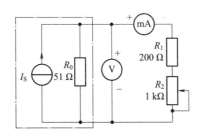

图 6.3 实际电流源

表 6.2 实际电流源的外特性实验数据

U/V						
I/mA						

3. 测定电源等效变换的条件

先按图 6.4(a)接线,理想电压源 U_S 为可调直流稳压电源,将输出电压调到 +6 V,记录电路中两表的读数,然后再按图 6.4(b)接线。调节恒流源的输出电流 I_S,使两表的读数与图 6.4(a)时的数值相等,将 I_S 之值记入表 6.3 中,验证等效变换条件的正确性。

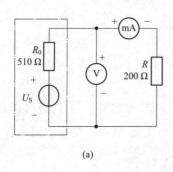 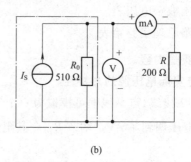

(a)   (b)

图 6.4   测定电源等效变换实验电路

表 6.3   有源二端网络等效参数

项 目	计 算 值	记 录 值	误 差
I_S/mA			

实验注意事项：

（1）在测量电压源外特性时，不要忘记测空载时的电压值；测电流源外特性时，不要忘记测短路时的电流值，注意恒流源负载电压不要超过 20 V，负载不要开路。

（2）换接线路时，必须关闭电源开关。

（3）直流仪表的接入应注意极性与量程。

6.5   思考题

（1）通常直流稳压电源的输出端不允许短路，直流恒流源的输出端不允许开路，为什么？

（2）电压源与电流源的外特性为什么呈下降变化趋势？稳压源与恒流源的输出在任何负载下是否保持恒值？

6.6   实验报告

（1）根据实验数据绘出电源的外特性曲线，并总结、归纳各类电源的特性。

（2）从实验结果，验证电源等效变换的条件。

实验 7　受控源特性测试

7.1　实验目的
（1）熟悉四种受控电源的基本特性，掌握受控源转移参数的测试方法。
（2）加深对受控源的认识和理解。

7.2　实验原理
（1）电源有独立电源（如电池、发电机等）与非独立电源（又称受控源）之分。受控源与独立源的不同点是：独立源的电势 E_s 或电流 I_s 是某一固定的数值或是时间的某一函数，它不随电路其余部分的状态变化而变。而受控源的电势或电流则是随电路中另一支路的电压或电流变化而变的一种电源。受控源又与无源元件不同，无源元件两端的电压和它自身的电流有一定的函数关系，而受控源的输出电压或电流则和另一支路（或元件）的电流或电压有某种函数关系。

（2）独立源与无源元件是二端元件，受控源则是四端元件，或称为双口元件。它有一对输入端（U_1、I_1）和一对输出端（U_2、I_2）。输入端可以控制输出端电压或电流的大小。施加于输入端的控制量可以是电压或电流，因而有两种受控电压源［即电压控制电压源（VCVS）和电流控制电压源（CCVS）］和两种受控电流源［即电压控制电流源（VCCS）和电流控制电流源（CCCS）］。它们的示意图如图 7.1 所示。

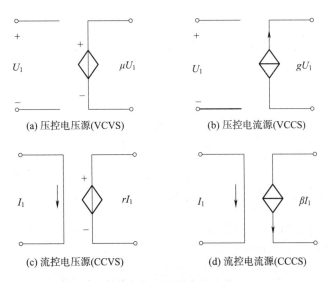

(a) 压控电压源(VCVS)　　　　　　(b) 压控电流源(VCCS)

(c) 流控电压源(CCVS)　　　　　　(d) 流控电流源(CCCS)

图 7.1　四种受控源

当受控源的输出电压（或电流）与控制支路的电压（或电流）成正比变化时，则称该受控源是线性的。

（3）理想受控源的控制支路中只有一个独立变量（电压或电流），另一个独立变量等于零，即从输入口看,理想受控源或者是短路(即输入电阻 $R_1 = 0$,因而 $U_1 = 0$)或者是开路(即输入电导 $G_1 = 0$,因而输入电流 $I_1 = 0$);从输出口看,理想受控源或者是一个理想电压源或者是一个理想电流源。

(4)控制端与受控端的关系式称为转移函数。

四种受控源的转移函数参量的定义如下:

(1)压控电压源(VCVS): $U_2 = f(U_1)$, $\mu = U_2/U_1$ 称为转移电压比。

(2)压控电流源(VCCS): $I_2 = f(U_1)$, $g = I_2/U_1$ 称为转移电导。

(3)流控电压源(CCVS): $U_2 = f(I_1)$, $r = U_2/U_1$ 称为转移电阻。

(4)流控电流源(CCCS): $I_2 = f(I_1)$, $\alpha = I_2/I_1$ 称为转移电流比(或电流增益)。

7.3 实验设备

(1)可调两路直流稳压电源(0~30 V)。

(2)可调直流恒流源。

(3)直流数字毫安表。

(4)直流数字电压表。

(5)可调电阻箱。

(6)电路原理实验箱。

7.4 实验内容

(1)测量受控源 VCCS 的转移特性 $I_2 = f(U_1)$ 及负载特性 $I_2 = f(U_2)$ 。实验电路如图 7.2 所示。

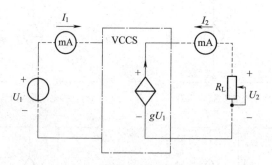

图 7.2 受控源 VCCS 实验电路

固定 $R_L = 1\ \text{k}\Omega$,调节稳压电源的输出电压 U_1,测出相应的 I_2 值,记入表 7.1 中,绘制 $I_2 = f(U_1)$ 曲线,并由其线性部分求出转移电导 g。

表 7.1 受控源 VCCS 的转移特性实验数据

U_1/V	2.8	3.0	3.2	3.5	3.7	4.0	4.2	4.5	g
I_2/mA									

保持 $U_1 = 3$ V,令 R_L 从大到小变化,测出相应的 I_2 及 U_2,记入表 7.2 中,绘制 $I_2 = f(U_2)$ 曲线。

表 7.2　受控源 VCCS 的负载特性实验数据

$R_L/k\Omega$	1	0.8	0.7	0.6	0.5	0.4	0.3	0.2	0.1
I_2/mA									
U_2/V									

（2）测量受控源 CCVS 的转移特性 $U_2 = f(I_1)$ 与负载特性 $U_2 = f(I_2)$，实验电路如图 7.3 所示。

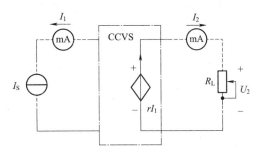

图 7.3　受控源 CCVS 实验电路

固定 $R_L = 1\ k\Omega$，调节恒流源的输出电流 I_1，测出 U_2 值，记入表 7.3 中，绘制 $U_2 = f(I_1)$ 曲线，并由其线性部分求出转移电阻 r。

表 7.3　受控源 CCVS 的转移特性实验数据

I_1/mA	0	0.05	0.1	0.15	0.2	0.25	0.3	0.4	r
U_2/V									

保持 $I_S = 0.2\ mA$，令 R_L 值从 $1\ k\Omega$ 增至 $8\ k\Omega$，测出 U_2 及 I_2，记入表 7.4 中，绘制负载特性曲线 $U_2 = f(I_2)$。

表 7.4　受控源 CCVS 的负载特性实验数据

$R_L/k\Omega$	1	2	3	4	5	6	7	8
U_2/V								
I_2/mA								

实验注意事项：

（1）每次连接电路，必须事先断开供电电源，但不必关闭电源总开关。

（2）用恒流源供电的实验中，不要使恒流源的负载开路。

7.5　思考题

（1）受控源和独立源相比有何异同点？比较四种受控源的控制量与被控量的关系如何？

（2）四种受控源中的 r、g、α 和 μ 的意义是什么？如何测得？

（3）若受控源控制量的极性反向，试问其输出极性是否发生变化？

（4）受控源的控制特性是否适合于交流信号？

（5）如何由两个基本的 CCVS 和 VCCS 获得其他两个 CCCS 和 VCVS，它们的输入和输出应如何连接？

7.6 实验报告

（1）根据实验数据，在方格纸上分别绘出两种受控源的转移特性和负载特性曲线，并求出相应的转移参量。

（2）对实验的结果做出合理的分析并得出结论，总结对四种受控源的认识和理解。

实验 8 *RC* 一阶电路的动态过程研究

8.1 实验目的

(1)测定 *RC* 一阶电路的零输入响应、零状态响应及全响应。

(2)学习电路时间常数的测量方法。

(3)掌握有关微分电路和积分电路的概念。

(4)进一步学会用示波器观测波形。

8.2 实验原理

1. *RC* 一阶电路的零状态响应和零输入响应

RC 一阶电路如图 8.1 所示,当开关 S 处于"1"位置,电容未充电,$u_c(t) = 0$,处于零状态,当开关 S 合向"2"位置,电源通过 *R* 向电容充电,$u_c(t)$ 称为零状态响应。当开关 S 处于"2"位置电路稳定后,开关 S 合向"1"位置,电容 *C* 通过 *R* 放电,向电容充电,$u_c(t)$ 称为零输入响应。*RC* 一阶电路的零状态响应与零输入响应分别按指数规律增长与衰减,其变化的快慢决定于电路的时间常数 τ。

2. 时间常数 τ 的测定方法

为用普通的示波器观察过渡过程和测量有关的参数,利用信号发生器输出的方波来模拟阶跃激励信号,即利用方波输出的上升沿作为零状态响应的正阶跃激励信号;利用方波的下降沿作为零输入响应的负阶跃激励信号。只要选择方波的重复周期大于电路的时间常数 τ,那么电路在这样的方波序列脉冲信号的激励下,其响应就和直流电接通与断开的过渡过程是基本相同的。

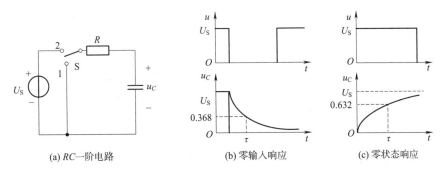

(a) *RC* 一阶电路　　　　(b) 零输入响应　　　　(c) 零状态响应

图 8.1 *RC* 一阶电路

用示波器测量零输入响应的波形如图 8.1(b)所示。根据一阶微分方程的求解得到 $u_c(t) = U_m e^{-t/RC} = U_m e^{-t/\tau}$。当 $t = \tau$ 时,$u_c(\tau) = 0.368 U_m$。此时所对应的时间就等于 τ。亦可用零状态响应波形增加到 $0.632 U_m$ 所对应的时间测得,如图 8.1(c)所示。

3. 微分电路和积分电路

微分电路和积分电路是 *RC* 一阶电路中较典型的电路,它对电路元件参数和输入信号的周期有着特定的要求。

一个简单的 RC 串联电路,在图 8.2(a)所示方波序列脉冲的重复激励下,当满足 $\tau = RC \ll T/2$ 时(T 为方波脉冲的重复周期),且由 R 两端的电压作为响应输出,则该电路就是一个微分电路。因为此时电路的输出信号电压与输入信号电压的微分成正比,如图 8.2(b)所示。利用微分电路可以将方波转变成冲激脉冲。

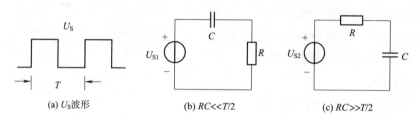

(a) U_S波形   (b) $RC \ll T/2$ (c) $RC \gg T/2$

图 8.2 RC 微分、积分电路

若将图 8.2(b)中的 R 与 C 位置调换一下,如图 8.2(c)所示,由 C 两端的电压作为响应输出,且当电路的参数满足 $\tau = RC \gg T/2$,则该 RC 电路称为积分电路。因为此时电路的输出信号电压与输入信号电压的积分成正比。利用积分电路可以将方波转变成三角波。

从输入/输出波形来看,上述两个电路均起着波形变换的作用,请在实验过程中仔细观察和记录。

8.3 实验设备

(1)函数信号发生器。

(2)双踪示波器。

(3)电路原理实验箱。

8.4 实验内容

实验电路板结构如图 8.3 所示。

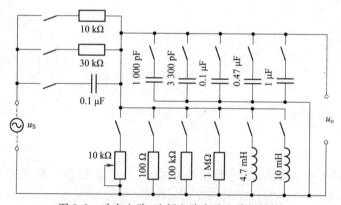

图 8.3   动态电路、选频电路实验电路板结构

(1)在一阶电路单元上选择 R、C 元件,令 $R = 10$ kΩ,$C = 3\,300$ pF,组成图 8.1(a)所示的 RC 充放电电路。u_S 为脉冲信号发生器输出的 $U_m = 3$ V,$f = 1$ kHz 的方波电压信号,并通过两

根同轴电缆线,将激励源 u_S 和响应 u_C 的信号分别连至示波器的两个输入口 Y_A 和 Y_B,这时可在示波器的屏幕上观察到激励与响应的变化规律,测算出时间常数 τ,并用方格纸按 1:1 的比例描绘波形。

少量改变电容值或电阻值,定性观察对响应的影响,记录观察到的现象。

(2)令 $R=10\ \mathrm{k\Omega}$,$C=0.1\ \mathrm{\mu F}$,组成如图 8.2(b)所示的微分电路。在同样的方波激励信号($U_m=3\ \mathrm{V}$,$f=1\ \mathrm{kHz}$)作用下,观测并描绘激励与响应的波形。

增减 R 之值,定性地观察对响应的影响,并做记录。当 R 增至 1 MΩ 时,输入/输出波形有何本质上的区别?

实验注意事项:

(1)调节电子仪器各旋钮时,动作不要过快、过猛。实验前,需熟读双踪示波器的使用说明书。特别是观察双踪时,要特别注意相应开关、旋钮的操作与调节。

(2)信号源的接地端与示波器的接地端要连在一起(称为共地),以防外界干扰而影响测量的准确性。

8.5 思考题

(1)什么样的电信号可作为 RC 一阶电路零输入响应、零状态响应和全响应的激励源?

(2)已知 RC 一阶电路 $R=10\ \mathrm{k\Omega}$,$C=0.1\ \mathrm{\mu F}$,试计算时间常数 τ,并根据 τ 值的物理意义,拟定测量 τ 的方案。

(3)何谓积分电路和微分电路?它们必须具有什么条件?它们在方波序列脉冲的激励下,其输出信号波形的变化规律如何?这两种电路有何功用?

8.6 实验报告

(1)根据实验观测结果,在方格纸上绘出 RC 一阶电路充放电时 u_C 的变化曲线,由曲线测得 τ 值,并与参数值的计算结果比较,分析误差原因。

(2)根据实验观测结果,归纳、总结积分电路和微分电路的形成条件,阐明波形变换的特征。

实验 9　二阶动态电路响应的研究

9.1　实验目的

(1)学习用实验方法研究二阶动态电路的响应,了解电路元件参数对响应的影响。

(2)观察、分析二阶电路响应的状态轨迹及其特点,以加深对二阶电路的认识与理解。

9.2　实验原理

一个二阶电路在方波正、负阶跃信号的激励下,可获得零状态与零输入响应,其响应的变化轨迹决定于电路的固有频率,当调节电路的元件参数值,使电路的固有频率分别为负实数、共轭复数及虚数时,可获得单调衰减、衰减振荡和等幅振荡的响应。在实验中可获得过阻尼、欠阻尼和临界阻尼三种响应图形。

简单而典型的二阶电路是一个 RLC 串联和 GCL 并联电路,这二者之间存在着对偶关系。本实验仅对 GCL 并联电路进行研究。

9.3　实验设备

(1)函数信号发生器。

(2)双踪示波器。

(3)电路原理实验箱。

9.4　实验内容

动态电路实验电路板见图8.3。利用动态电路中的元件与开关的配合作用,组成如图9.1所示的 GCL 并联电路。

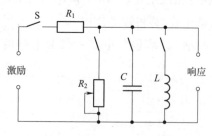

图 9.1　GCL 并联电路

令 $R_1 = 10$ kΩ,$L = 4.7$ mH,$C = 1\,000$ pF,R_2 为 10 kΩ 可调电阻,令函数信号发生器的输出为 $U_m = 3$ V,$f = 1$ kHz 的方波脉冲信号,输出端接至图 9.1 激励端,同时用同轴电缆线将激励端和响应端接至双踪示波器前的 Y_A 和 Y_B 两个输入口。

(1)调节可调电阻 R_2 之值,观察二阶电路的零输入响应和零状态响应,由过阻尼过渡到临界阻尼,最后过渡到欠阻尼的变化过渡过程,分别定性地描绘、记录响应的典型变化波形。

(2)调节 R_2,使示波器荧光屏上呈现稳定的欠阻尼响应波形,定量测定此时电路的衰减常数 α 和振荡频率 ω_d,记入表 9.1 中。

（3）改变一组电路参数,如增、减 L 或 C 之值,重复实验内容（2）的测量,并做记录。随后仔细观察,改变电路参数时,ω_d 与 α 的变化趋势,并做记录。

表 9.1　二阶动态电路响应实验数据

实验次数	电路参数				测　量　值	
	R_1	R_2	L	C	α	ω_d
1	10 kΩ	调至某一欠阻尼态	4.7 mH	1 000 pF		
2	10 kΩ		4.7 mH	0.01 μF		
3	30 kΩ		4.7 mH	0.01 μF		
4	10 kΩ		10 mH	0.01 μF		

实验注意事项:

（1）调节 R_2 时,要细心、缓慢,临界阻尼要找准。

（2）观察双踪时,显示要稳定,如不同步,则可采用外同步法触发(可以看示波器说明)。

9.5　思考题

（1）根据二阶电路元件的参数,计算出处于临界阻尼状态的 R_2 之值。

（2）在示波器荧光屏上,如何测得二阶电路零输入响应欠阻尼状态的衰减常数 α 和振荡频率 ω_d?

9.6　实验报告

（1）根据观测结果,在方格纸上描绘二阶电路过阻尼、临界阻尼和欠阻尼的响应波形。

（2）测算欠阻尼振荡曲线上的 α 与 ω_d。

（3）归纳、总结电路元件参数的改变,对响应变化趋势的影响。

实验 10　R、L、C 元件在正弦电路中的特性测量

10.1　实验目的

（1）验证电阻、感抗、容抗与频率的关系，测定 R-f,X_L-f 与 X_C-f 特性曲线。

（2）加深理解 R、L、C 元件电压与电流间的相位关系。

10.2　实验原理

（1）在正弦交流信号作用下，R、L、C 电路元件在电路中的抗流作用与信号的频率有关，它们的阻抗频率特性 R-f,X_L-f 与 X_C-f 曲线如图 10.1 所示。

（2）元件阻抗频率特性的测量电路如图 10.2 所示。

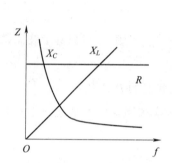

图 10.1　阻抗频率特性曲线

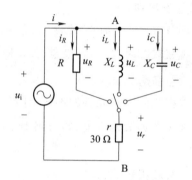

图 10.2　元件阻抗频率特性的测量电路

图 10.2 中的 r 是提供测量回路电流用的标准小电阻，由于 r 的阻值远小于被测元件的阻抗值，因此可以认为 A、B 之间的电压就是被测元件 R 或 L 或 C 两端的电压，流过被测元件的电流则可由 r 两端的电压除以 r 所得。

若用双踪示波器同时观察 r 与被测元件两端的电压，亦可展现被测元件两端的电压和流过该元件电流的波形，从而可在荧光屏上测出电压与电流的幅值及它们之间的相位差。

（3）将元件 R、L、C 串联或并联相接，亦可用同样的方法测得 $Z_串$ 与 $Z_并$ 时的阻抗频率特性 Z-f，根据电压、电流的相位差可判断 $Z_串$ 与 $Z_并$ 是感性负载还是容性负载。

（4）元件的阻抗角（即相位差 ψ）随输入信号的频率变化而改变，将各个不同频率下的相位差画在以频率 f 为横坐标，阻抗角 ψ 为纵坐标的坐标纸上，并用光滑的曲线连接这些点，即得到阻抗角的频率特性曲线。

用双踪示波器测量阻抗角的波形如图 10.3 所示。荧光屏上数得一个周期占 n 格，相位差占 m 格，则实际的相位差 ψ（阻抗角）为

$$\psi = m \times \frac{360°}{n}$$

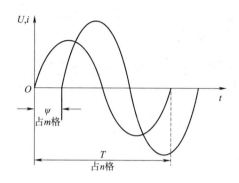

图 10.3 双踪示波器测量阻抗角波形

10.3 实验设备

(1)函数信号发生器。

(2)双踪示波器。

(3)交流毫伏表。

(4)频率计。

(5)实验电路元件：$R = 1\ \text{k}\Omega, C = 0.01\ \mu\text{F}, L$ 约 $1\ \text{H}, r = 30\ \Omega$。

(6)电路原理实验箱。

10.4 实验内容

(1)测量 R、L、C 元件的阻抗频率特性。通过电缆将低频信号发生器输出的正弦信号接至图 10.2 所示的电路，作为激励源 u，并用交流毫伏表测量，使激励电压有效值为 $U = 3\ \text{V}$，并保持不变。

使信号源的输出频率从 200 Hz 逐渐增至 5 kHz(用频率计测量)，并使开关 S 分别接通 R、L、C 三个元件，用交流毫伏表测量 u_r，并通过计算得到各频率点时的 R、X_L 与 X_C 之值，记入表 10.1 中。

表 10.1　R、L、C 元件的阻抗频率特性

频率 f		200 Hz	1 kHz	3 kHz	5 kHz
R	U_r/mV				
	$I_R = (U_r/r)/\text{mA}$				
	$R = (U/I_R)/\text{k}\Omega$				
L	U_r/mV				
	$I_L = (U_r/r)/\text{mA}$				
	$X_L = (U/I_L)\text{k}\Omega$				
C	U_r/mV				
	$I_C = (U_r/r)/\text{mA}$				
	$X_C = (U/I_C)/\text{k}\Omega$				

（2）用双踪示波器观察在不同频率下各元件阻抗角的变化情况，并记录。

（3）测量 R、L、C 元件串联的阻抗角频率特性，记入表 10.2 中。

表 10.2　R、L、C 元件串联的阻抗角频率特性

频率 f	200 Hz	1 kHz	3 kHz	5 kHz
$n/$格				
$m/$格				
ψ				

实验注意事项：

（1）交流毫伏表属于高阻抗电表，测量前必须先调零。

（2）测 ψ 时，注意示波器的"t/div"和"v/div"的刻度值。

10.5　思考题

测量 R、L、C 各个元件的阻抗角时，为什么要与它们串联一个小电阻？可否用一个小电感或大电容代替？为什么？

10.6　实验报告

（1）根据实验数据，在方格纸上绘制 R、L、C 三个元件的阻抗频率特性曲线，从中可得出什么结论？

（2）根据实验数据，在方格纸上绘制 R、L、C 三个元件串联的阻抗角频率特性曲线，总结、归纳结论。

实验 11 R、L、C 串联谐振电路的研究

11.1 实验目的

（1）学习用实验方法绘制 R、L、C 串联电路的幅频特性曲线。

（2）加深理解电路发生谐振的条件和特点,掌握电路品质因数(电路 Q 值)的物理意义及其测定方法。

11.2 实验原理

（1）在图 11.1（a）所示的 R、L、C 串联谐振电路中,当正弦交流信号源的频率 f 改变时,电路中的感抗、容抗随之而变,电路中的电流也随 f 而变。取电阻 R 上的电压 U_o 作为响应,当输入电压 U_i 的幅值维持不变时,在不同频率的信号激励下,测出 U_o 之值,然后以 f 为横坐标,以 U_o/U_i 为纵坐标(因 U_i 不变,故也可直接以 U_o 为纵坐标),绘出光滑的曲线,此即为幅频特性曲线,亦称谐振曲线,如图 11.1（b）所示。

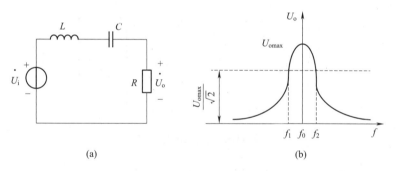

图 11.1 R、L、C 串联谐振电路

（2）在 $f=f_0=\dfrac{1}{2\pi\sqrt{LC}}$ 处,即幅频特性曲线尖峰所在的频率点称为谐振频率。此时 $X_L=X_C$,电路呈纯阻性,电路阻抗的模为最小。在输入电压 U_i 为定值时,电路中的电流达到最大值,且与输入电压 U_i 同相位。从理论上讲,此时 $U_i=U_R=U_o$,$U_L=U_C=QU_i$,式中的 Q 称为电路的品质因数。

（3）电路品质因数 Q 值的两种测量方法:一是根据公式 $Q=U_L/U_o=U_C/U_o$ 测定,U_C 与 U_L 分别为谐振时电容 C 和电感线圈 L 上的电压;另一种方法是通过测量谐振曲线的通频带宽度 $\Delta f=f_2-f_1$,再根据 $Q=\dfrac{f_0}{f_2-f_1}$ 求出 Q 值。式中,f_0 为谐振频率,f_2 和 f_1 是失谐时,亦即输出电压的幅度下降到最大值的 $\dfrac{1}{\sqrt{2}}$（$=0.707$）倍时的上、下频率点。Q 值越大,曲线越尖锐,通频带越窄,电路的选择性越好。在恒压源供电时,电路的品质因数、选择性与通频带只决定于电路本身的参数,而与信号源无关。

11.3 实验设备

(1)函数信号发生器。

(2)双踪示波器。

(3)交流毫伏表。

(4)频率计。

(5)实验电路元件,$R = 330\ \Omega$ 和 2.2 kΩ;$C = 3\ 300$ pF;L 约 30 mH。

(6)电路原理实验箱。

11.4 实验内容

(1)按图 11.2 组成监视、测量电路。先选用 R、L、C。用交流毫伏表测电压,用示波器监视信号源输出。令输入电压 $U_i = 4V_{P-P}$,并保持不变。

(2)找出电路的谐振频率 f_0。其方法是,将毫伏表接在 R(330 Ω)两端,令信号源的频率由小逐渐变大(注意要维持信号源的输出幅度不变),当 U_o 的读数为最大时,读得频率计上的频率值即为电路的谐振频率 f_0,并测量 U_C 与 U_L 之值,注意及时更换毫伏表的量限。

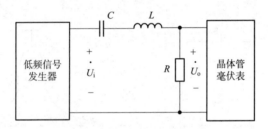

图 11.2　监视、测量电路

(3)在谐振点两侧,按频率递增或递减 500 Hz 或 1 kHz,依次各取六个测量点,逐点测出 U_o,U_L,U_C 之值,记入表 11.1 中。

表 11.1　R、L、C 串联谐振电路实验数据

f/kHz												
U_o/V												
U_L/V												
U_C/V												
$U_i = 4V_{P-P}$,$C = 3\ 300$ pF,$R = 330\ \Omega$,$L = 30$ mH,$f_0 =$ $\qquad$ $f_2 - f_1 =$ $\qquad$ $Q =$												

实验注意事项:

(1)测试频率点的选择应在靠近谐振频率附近多取几点。在变换频率测试前,应调整信号输出幅度(用示波器监视输出幅度)使其维持在 $4V_{P-P}$。

(2)测量 U_C 和 U_L 数值前,应将毫伏表的量限改大,而且在测量 U_L 与 U_C 时毫伏表的"+"端应接电容 C 与电感 L 的公共点。

11.5 思考题

(1)根据实验电路板给出的元件参数值,估算电路的谐振频率。

（2）改变电路的哪些参数可以使电路发生谐振,电路中 R 的数值是否影响谐振频率值?

（3）如何判别电路是否发生谐振? 测试谐振点的方案有哪些?

（4）电路发生串联谐振时,为什么输入电压不能太大,如果信号源给出 3 V 的电压,电路谐振时,用交流毫伏表测 U_L 和 U_C,应该选择用多大的量限?

（5）要提高 R、L、C 串联电路的品质因数,电路参数应如何改变?

（6）本实验在谐振时,对应的 U_L 与 U_C 是否相等? 如有差异,原因何在?

11.6　实验报告

（1）根据测量数据,绘出三条幅频特性曲线,即

$$U_。=f(f),U_L=f(f),U_C=f(f)$$

（2）计算出通频带与 Q 值,说明不同 R 值时对电路通频带与品质因数的影响。

（3）谐振时,比较输出电压 $U_。$ 与输入电压 U_i 是否相等? 试分析原因。

（4）通过本次实验,总结、归纳串联谐振电路的特性。

实验 12　双口网络测试

12.1　实验目的

(1)加深理解双口网络的基本理论。

(2)掌握直流双口网络传输参数的测量技术。

12.2　实验原理

对于任何一个线性网络,我们所关心的往往只是输入端口和输出端口电压和电流间的相互关系,通过实验测定方法求取一个极其简单的等效值双口电路来替代原网络,此即为"黑盒理论"的基本内容。

(1)一个双口网络两端口的电压和电流四个变量之间的关系,可以用多种形式的参数方程来表示。本实验采用输出口的电压 U_2 和电流 I_2 作为自变量,以输入口的电压 U_1 和电流 I_1 作为因变量,所得的方程称为双口网络的传输方程,如图 12.1 所示的无源线性双口网络(又称四端网络)的传输方程为

图 12.1　无源线性双口网络

$$U_1 = A \cdot U_2 + B \cdot I_2$$
$$I_1 = C \cdot U_2 + D \cdot I_2$$

式中,A、B、C、D 为双口网络的传输参数,其值完全决定于网络的拓扑结构及各支路元件的参数值,这四个参数表征了该双口网络的基本特性,它们的含义是:

$$A = U_1/U_2(令 I_2 = 0,即输出口开路时)$$
$$B = U_1/I_2(令 U_2 = 0,即输出口短路时)$$
$$C = I_1/U_2(令 I_2 = 0,即输出口开路时)$$
$$D = I_1/I_2(令 U_2 = 0,即输出口短路时)$$

由上可知,只要在网络的输入口加上电压,在两个端口同时测量其电压和电流,即可求出 A、B、C、D 四个参数,此即为双端口同时测量法。

(2)若要测量一条远距离输电线构成的双口网络,采用同时测量法就很不方便,这时可采用分别测量法,即先在输入口加电压,而将输出口开路和短路,在输入口测量电压和电流,由传输方程可得

$$R_{10} = U_{10}/I_{10} = A/C(令 I_2 = 0,即输出口开路时)$$
$$R_{1S} = U_{1S}/I_{1S} = B/D(令 U_2 = 0,即输出口短路时)$$

然后在输出口加电压测量,而将输入口开路和短路,此时可得

$$R_{20} = U_{20}/I_{20} = D/C(令 I_1 = 0,即输入口开路时)$$
$$R_{2S} = U_{2S}/I_{2S} = B/A(令 U_1 = 0,即输入口短路时)$$

R_{10}、R_{1S}、R_{20}、R_{2S} 分别表示一个端口开路和短路时,另一端口的等效输入电阻,这四个参数

有三个是独立的（因为 $R_{10}/R_{10} = R_{1S}/R_{2S} = A/D$）即 $A \cdot D - B \cdot C = 1$。

至此，可求出四个传输参数：

$$A = \sqrt{R_{10}/(R_{20} - R_{2S})}, \quad B = R_{2S} \cdot A, \quad C = A/R_{10}, \quad D = R_{20} \cdot C$$

（3）双口网络级联后的等效双口网络的传输参数亦可采用前述的方法之一求得，从理论推出两双口网络级联后的传输参数与每一个参加级联的双口网络的传输参数之间有如下的关系：

$$A = A_1 \cdot A_2 + B_1 \cdot C_2$$
$$B = A_1 \cdot A_2 + B_1 \cdot D_2$$
$$C = C_1 \cdot A_2 + D_1 \cdot C_2$$
$$D = C_1 \cdot B_2 + D_1 \cdot D_2$$

12.3　实验设备

（1）可调两路直流稳压电源（0～30 V）。

（2）直流数字毫安表。

（3）直流数字电压表。

（4）电路原理实验箱。

12.4　实验内容

双口网络实验电路如图 12.2 所示。

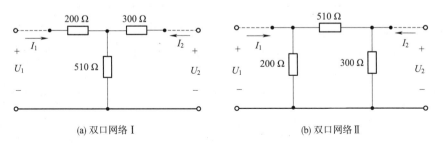

(a) 双口网络Ⅰ　　　　　　　　　　　　(b) 双口网络Ⅱ

图 12.2　双口网络实验电路

将直流稳压电源的输出电压调到 10 V，作为双口网络的输入。

（1）按同时测量法分别测定两个双口网络的传输参数 A_1、B_1、C_1、D_1 和 A_2、B_2、C_2、D_2，并列出它们的传输方程。将测量数据记入表 12.1、表 12.2。

表 12.1　双口网络Ⅰ实验数据

		测量值			计算值	
双口网络Ⅰ	输出端开路 $I_{12} = 0$	U_{110}/V	U_{120}/V	I_{110}/mA	A_1	B_1
	输出端短路 $U_{12} = 0$	U_{11S}/V	I_{11S}/V	I_{12S}/mA	C_1	D_1

表 12.2　双口网络 II 实验数据

双口网络 II	输出端开路 $I_{22}=0$	测量值			计算值	
		U_{210}/V	U_{220}/V	I_{210}/mA	A_2	B_2
	输出端短路 $U_{22}=0$	U_{21S}/V	I_{21S}/V	I_{22S}/mA	C_2	D_2

(2)将两个双口网络级联后,用两端口分别测量法测量级联后等效双口网络的传输参数 A、B、C、D,并验证等效双口网络传输参数与级联的两个双口网络传输参数之间的关系。将测量数据记入表 12.3 中。

表 12.3　等效双口网络的传输参数

输出端开路 $I_2=0$			输出端短路 $U_2=0$			计算传输参数
U_{10}/V	I_{10}/V	$R_{10}/k\Omega$	U_{1S}/V	I_{1S}/V	R_{1S}/V	
输入端开路 $I_1=0$			输入端短路 $U_1=0$			
U_{20}/V	I_{20}/mA	$R_{20}/k\Omega$	U_{2S}/V	I_{2S}/mA	$R_{2S}/k\Omega$	$A=$ $B=$ $C=$ $D=$

实验注意事项:

(1)用电流插头插座测量电流时,要注意判别电流表的极性及选取适合的量程(根据所给的电路参数,估算电流表量程)。

(2)两个双口网络级联时,应将一个双口网络 I 的输出端与另一双口网络 II 的输入端连接。

12.5　思考题

(1)试述双口网络同时测量法与分别测量法的测量步骤、优缺点及其适用情况。

(2)本实验方法可否用于交流双口网络的测定?

12.6　实验报告

(1)完成对数据表格的测量和计算任务。

(2)列出参数方程。

(3)验证级联后等效双口网络的传输参数与级联的两个双口网络传输参数之间的关系。

(4)总结、归纳双口网络的测试技术。

实验 13   *RC* 选频网络特性测量

13.1   实验目的
(1)熟悉文氏电桥电路的结构特点及应用。
(2)学习用交流电压表和示波器测定文氏电桥的幅频特性和相频特性。

13.2   实验原理
文氏电桥电路是一个 *RC* 的串、并联电路,如图 13.1 所示。该电路结构简单,被广泛应用于低频振荡电路中作为选频环节,可以获得很高纯度的正弦波电压。

(1)用函数信号发生器的正弦输出信号作为电桥的激励信号 u_i,并保持信号电压 U_i 不变的情况下,改变输入信号的频率 f,用交流毫伏表或示波器测出相应于各个频率点的输出电压 U_o,将这些数据画在以频率 f 为横轴,输出电压 U_o 为纵轴的坐标纸上,用一条光滑的曲线连接这些点,该曲线就是电路的幅频曲线。

文氏电桥的一个特点是其输出电压幅度不仅会随输入信号的频率变化,而且会出现一个与输入电压同相位的最大值,如图 13.2 所示。

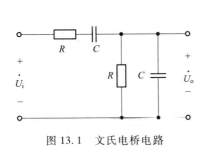

图 13.1   文氏电桥电路   图 13.2   幅频曲线

由电路分析得知,该网络的传递函数为

$$\beta = \frac{1}{3 + j\left(\omega RC - \dfrac{1}{\omega RC}\right)}$$

当角频率 $\omega = \omega_0 = \dfrac{1}{RC}$ 时,则 $|\beta| = \dfrac{U_o}{U_i} = \dfrac{1}{3}$,此时,$u_o$ 与 u_i 同相。即 *RC* 串、并联电路具有带通特性。

(2)将上述电路的输入和输出分别接入双踪示波器的两个输入端 Y_A 和 Y_B,改变输入正弦信号的频率,观察相应的输入和输出波形的时延 τ 及信号的周期 T,则两波形间的相位差为

$$\psi = \frac{\tau}{T} \times 360° = \varphi_o - \varphi_i (输出相位与输入相位之差)$$

将各个不同频率下的相位差 ψ 画在以频率 f 为横轴,以相位差 ψ 为纵轴的坐标纸上,用一条光滑的曲线连接这些点,该曲线就是电路的相频曲线,如图 13.3 所示。

由电路分析理论得知,当 $\omega = \omega_0 = \dfrac{1}{RC}$ 时,即 $f = f_0 = \dfrac{1}{2\pi RC}$ 时,

$\psi = 0$,即 u_o 与 u_i 同相位,相位差为零。

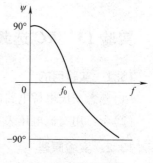

图 13.3 相频曲线

13.3 实验设备

(1)函数信号发生器。

(2)双踪示波器。

(3)交流毫伏表。

(4)电路原理实验箱。

13.4 实验内容

1. 测量 RC 串、并联电路的幅频特性

(1)按图 13.1 所示电路接线,取 $R = 1\ \text{k}\Omega$,$C = 0.1\ \mu\text{F}$。

(2)调节低频信号源,输出电压为 3 V 的正弦波,接到图 13.1 的输入端。

(3)改变信号源频率 f,并保持 $U_i = 3$ V 不变,测量输出电压 U_o,记录数据。(可先测量 $\beta = 1/3$ 时的频率 f_0,然后再在 f_0 左右设置其他频率点,测量 U_o。)

(4)另选一组参数,取 $R = 2\ \text{k}\Omega$,$C = 0.22\ \mu\text{F}$,重复上述测量。

(5)将上述测量数据填入表 13.1 中。

表 13.1　幅频特性实验数据

$R = 1\ \text{k}\Omega$ $C = 0.1\ \mu\text{F}$	f/Hz							
	U_o/V							
$R = 2\ \text{k}\Omega$ $C = 0.22\ \mu\text{F}$	f/Hz							
	U_o/V							

2. 测量 RC 串、并联电路的相频特性

将图 13.1 所示电路的输入/输出端(u_i 和 u_o)分别接至双踪示波器的两个输入端 Y_A 和 Y_B,改变输入信号频率,观察不同频率点处,相应的输入与输出波形间的时延 τ 及信号周期 T,计算两波形间的相位差。将数据填入表 13.2 中。

表 13.2　相频特性实验数据

	f/Hz							
$R = 1\ \text{k}\Omega$ $C = 0.1\ \mu\text{F}$	T/ms							
	τ/ms							
	相位差 ψ							
$R = 2\ \text{k}\Omega$ $C = 0.22\ \mu\text{F}$	f/Hz							
	T/ms							
	τ/ms							
	相位差 ψ							

实验注意事项:

由于低频信号源内阻的影响,在调节输出频率时,应同时调节输出幅度,使实验电路的输入电压保持不变。

13.5　思考题

(1)根据电路的两组参数,分别估算文氏电桥的固有频率。

(2)推导 RC 串并联电路的幅频、相频特性的数学表达式。

13.6　实验报告

(1)根据实验数据,绘制幅频特性和相频特性曲线,找出最大值,并与理论计算值比较。

(2)讨论实验结果。

实验 14　负阻抗变换器

14.1　实验目的

(1)加深对负阻抗概念的认识,掌握对含有负阻的电路分析研究方法。

(2)了解负阻抗变换器的组成原理及其应用。

(3)掌握负阻抗变换器的各种测试方法。

14.2　实验原理

(1)负阻抗是电路理论中的一个重要的基本概念,在工程实践中有广泛的应用。负阻的产生除某些非线性元件(如隧道二极管)在某个电压或电流的范围内具有负阻特性外,一般都由一个有源双口网络来形成一个等值的线性负阻抗。该网络由线性集成电路或晶体管等元件组成,这样的网络称为负阻抗变换器。

按有源网络输入电压和电流与输出电压和电流的关系,可分为电流倒置型和电压倒置型两种(INIC 及 VNIC),电路模型如图 14.1 所示。

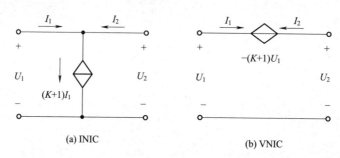

(a) INIC　　　　　　　　　(b) VNIC

图 14.1　两种电路模型

在理想情况下,其电压、电流关系为

对于 INIC 型:$U_2 = U_1$,$I_2 = KI_1$(K 为电流增益)。

对于 VNIC 型:$U_2 = -KU_1$,$I_2 = -I_1$(K 为电压增益)。

如果在 INIC 的输出端接上负载 Z_L,如图 14.2 所示,则它的输入阻抗 Z_i 为

$$Z_i = \frac{U_1}{I_1} = \frac{U_2}{I_2/K} = \frac{KU_2}{I_2} = -KZ_L$$

(2)本实验用线性运算放大器组成如图 14.3 所示的 INIC 电路。在一定的电压、电流范围内可获得良好的线性度。

根据集成运放理论推导可知:

$$Z_i = \frac{U_1}{I_1} = -\frac{Z_1}{Z_2} \cdot Z_L = -KZ_L$$

当 $Z_1 = R_1 = 1\ \text{k}\Omega$,$Z_2 = R_2 = 300\ \Omega$ 时,

$$K = \frac{Z_1}{Z_2} = \frac{R_1}{R_2} = \frac{10}{3}$$

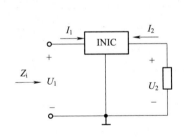

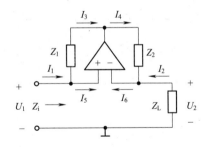

图 14.2　INIC 负载电路　　　　图 14.3　线性运算放大器 INIC 电路

若 $Z_L = R_L$ 时，$Z_i = -KZ_L = -\dfrac{10}{3}R_L$。

若 $Z_L = \dfrac{1}{\mathrm{j}\omega C}$ 时，$Z_i = -KZ_L = -\dfrac{10}{3}\dfrac{1}{\mathrm{j}\omega C} = \mathrm{j}\omega L\left(\text{令} \; L = \dfrac{1}{\omega^2 C} \times \dfrac{10}{3}\right)$。

若 $Z_L = \mathrm{j}\omega L$ 时，$Z_i = -KZ_L = -\dfrac{10}{3}\mathrm{j}\omega L = \dfrac{1}{\mathrm{j}\omega C}\left(\text{令} \; C = \dfrac{1}{\omega^2 L} \times \dfrac{10}{3}\right)$。

14.3　实验设备

（1）可调两路直流稳压电源（0 ~ 30 V）。

（2）函数信号发生器。

（3）双踪示波器。

（4）直流数字电压表。

（5）交流毫伏表。

（6）可调电阻箱（0 ~ 9 999.9 Ω）。

（7）电容器（0.1 μF）。

（8）电路原理实验箱。

14.4　实验内容

1. 测量负阻的伏安特性，计算电流增益 K 及等值负阻

（1）如图 14.4 所示，调节负载电阻箱的电阻值，令 $R_L = 300\ \Omega$。

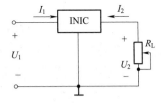

（2）令直流稳压电源的输出电压在 0 ~ 1 V 范围内的不同值

时，分别测量 INIC 的输入电压 U_1 及输入电流 I_1。

图 14.4　负电阻实验电路

（3）令 $R_L = 600\ \Omega$，重复上述的测量。

（4）将数据分别填入表 14.1 中。

表 14.1　实 验 数 据

$R_L = 300\ \Omega$	U_1/V	
	I_1/mA	
	$R/\mathrm{k}\Omega$	

续表

$R_L = 600\ \Omega$	U_1/V	
	I_1/mA	
	$R/k\Omega$	

(5)计算：

等效负值：实测值 $R = \dfrac{U_1}{I_1}$。

理论计算值：$R' = -KZ_L = \dfrac{10}{3}R_L$。

其中，电流增益 $K = \dfrac{R_1}{R_2} = \dfrac{10}{3}$。

(6)绘制负阻的伏安特性曲线 $U_1 = f(I_1)$。

2. 阻抗变换及相位观察

如图 14.5 所示电路，用 0.1 μF 的电容取代 R_L，用低频信号源取代直流稳压电源，图中的 R_S 为电流采样电阻，因为电阻两端的电压波形与通过电阻的电流波形同相，所以用示波器观察 R_S 上的电压波形就反映了电流 i_1 的相位。调节低频信号发生器，使 $U_1 \leqslant 3$ V，改变信号源频率 $f = 200 \sim 2\ 000$ Hz，用交流毫伏表分别测出 U_1 及 U_{R_S}，并用双踪示波器观察 u_1 与 i_1 的相位差。

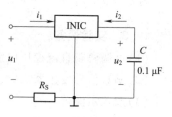

图 14.5 负阻抗实验电路

实验注意事项：

(1)整个实验中应使 $U_1 = 0 \sim 1$ V。

(2)实验过程中，示波器及交流毫伏表电源线使用两线插头。

14.5 思考题

(1)什么是负阻抗变换器？有哪两种类型？具有什么性质？

(2)负阻抗变换器常用什么电路组成？如何实现负阻抗变换？

(3)说明负阻抗变换器实现负阻抗变换的原理和方法？

14.6 实验报告

(1)完成计算与绘制特性曲线。

(2)总结对 INIC 的认识。

实验 15　回转器

15.1　实验目的

(1)掌握回转器的基本特性。

(2)测量回转器的基本参数。

(3)了解回转器的应用。

15.2　实验原理

(1)回转器是一种有源非互易的新型二端网络元件,电路符号及其等值电路如图 15.1 所示。

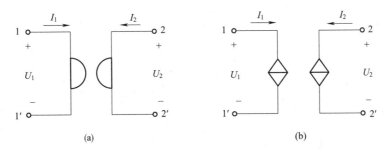

图 15.1　回转器电路符号及其等值电路

理想回转器的电阻方程:

$$\begin{bmatrix} U_1 \\ U_2 \end{bmatrix} = \begin{bmatrix} 0 & R \\ -R & 0 \end{bmatrix}\begin{bmatrix} I_1 \\ I_2 \end{bmatrix}$$

或写成 $U_1 = R I_2$,$U_2 = -R I_1$。

式中,R 称为回转器回转电阻,简称回转常数。

(2)若在 $2-2'$ 端接一负载电容,则从 $1-1'$ 端看进去就相当于一个电感,即回转器能把一个电容元件"回转"成一个电感元件;相反,也可以把一个电感元件"回转"成一个电容元件,所以又称阻抗逆变器。

$2-2'$ 端接有 C 后,从 $1-1'$ 端看进去的电导 Z_i 为

$$Z_i = \frac{U_1}{I_1} = \frac{RI_2}{-U_2/R} = \frac{-R^2 I_2}{U_2}$$

又因为 $\dfrac{U_2}{I_2} = -Z_L = j\dfrac{1}{\omega C} = \dfrac{1}{-j\omega C}$

所以,$Z_i = R^2 j\omega C = j\omega L\,(L = R^2 C)$。

(3)由于回转器有阻抗逆变作用,在集成电路中得到重要的应用。因为在集成电路制造中,制造一个电容元件比制造电感元件容易得多,所以可以用一带有电容负载的回转器来获得数值较大的电感。

15.3 实验设备

(1)函数信号发生器。

(2)双踪示波器。

(3)交流毫伏表。

(4)可调电阻箱(0~9 999.9 Ω)。

(5)电容器(0.1 μF)。

(6)电路原理实验箱。

15.4 实验内容

实验电路如图 15.2 所示。

(1)在图 15.2 的 2-2′端接纯电阻负载(电阻箱),信号源频率固定在 1 kHz,信号电压 ≤3 V。

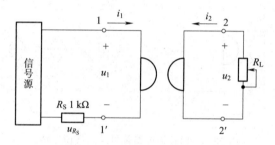

图 15.2 纯电阻负载实验电路

用交流毫伏表测量不同负载电阻 R_L 时的 U_1、U_2、U_{R_S},并计算相应的电流 I_1、I_2 和回转常数 R,一并记入表 15.1 中。

表 15.1 纯电阻负载实验数据

R_L/Ω	测 量 值			计 算 值				
	U_1/V	U_2/V	U_{R_S}/V	I_1/mA	I_2/mA	$R' = \dfrac{U_2}{I_1}$	$R'' = \dfrac{U_1}{I_2}$	$R = \dfrac{R' + R''}{2}$
500								
1 k								
1.5 k								
2 k								
3 k								
4 k								
5 k								

(2)用双踪示波器观察回转器输入电压和输入电流之间的相位关系。按图 15.3 接线。

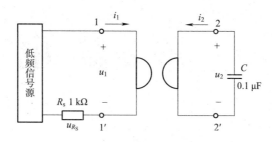

图 15.3　电容负载实验电路

在 2-2′端接电容负载 $C = 0.1\ \mu F$，取信号电压 $U \leqslant 3\ V$，频率 $f = 1\ kHz$。观察 i_1 与 u_1 之间的相位关系。

（3）测量等效电感。在 2-2′端接负载电容 $C = 0.1\ \mu F$，取低频信号源输出电压 $U \leqslant 3\ V$，并保持恒定。用交流毫伏表测量不同频率时的等效电感，并算出 I_1、L'、L 及误差 ΔL，分别记入表 15.2 中，分析 U、U_1、U_{R_S} 之间的相量关系。

表 15.2　电容负载实验数据

频率参数/Hz	200	400	500	700	800	900	1 000	1 200	1 300	1 500	2 000
U/V											
U_1/V											
U_R/V											
$I_1 = (U_R/1\ 000)/mA$											
$L' = \dfrac{U_1}{2\pi f I_1}$											
$L = R^2 C$											
$\Delta L = L - L'$											

实验注意事项：

（1）回转器的正常工作条件是 u，i 的波形必须是正弦波，为避免集成运放进入饱和态而使波形失真，所以输入电压不宜过大。

（2）实验过程中，示波器及交流毫伏表电源线使用两线插头。

15.5　思考题

（1）什么是回转器？用电阻方程说明回转器输入和输出的关系。

（2）什么是回转常数？如何测定回转常数。

（3）说明回转器的阻抗逆变作用及其应用。

15.6　实验报告

（1）完成各项规定的实验内容（测试、计算、绘制曲线等）。

（2）从各实验结果中总结回转器的性质、特点。

第 2 篇 电工技术

实验 16　用三表法测量电路等效参数

16.1　实验目的
(1)学会用交流电压表、交流电流表和功率表测量元件的交流等效参数的方法。
(2)学会功率表的接法和使用。

16.2　实验原理
交流信号激励下的元件值或阻抗值,可以用交流电压表、交流电流表及功率表分别测量出元件两端的电压 U、流过该元件的电流 I 和它所消耗的功率 P,然后通过计算得到所求的各值,这种方法称为三表法,是用以测量 50 Hz 交流电路参数的基本方法。

计算的基本公式为:

阻抗的模: $|Z| = \dfrac{U}{I}$;

电路的功率因数: $\cos \varphi = \dfrac{P}{UI}$;

等效电阻: $R = \dfrac{P}{I^2} = |Z| \cos \varphi$;

等效电抗: $X = |Z| \sin \varphi$ 或 $X = X_L = 2\pi fL$, $X = X_C = \dfrac{1}{2\pi fC}$。

功率表(又称瓦特表)的电流线圈与负载串联,电压线圈可以与电源并联使用,也可以与负载并联使用,此即为并联电压线圈的前接法与后接法之分。后接法测量会使读数产生较大的误差,因并联电压线圈所消耗的功率也计入了功率表的读数之中。图 16.1 是功率表并联电压线圈前接法的外部连接线路。电压线圈和电流线圈的同名端(标有 * 号端)必须连在一起,电压、电流表量程分别选 450 V 和 3 A。

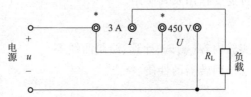

图 16.1　功率表并联电压线圈前接法的外部连接线路

16.3 实验设备

(1)交流电压表(0~450 V)。

(2)交流电流表(0~500 mA)。

(3)单相功率表。

(4)自耦调压器。

(5)三相灯组负载(220 V,15 W 白炽灯)。

(6)电工技术实验箱。

16.4 实验内容

实验电路如图 16.2 所示。

(1)按图 16.2 接线,并经指导教师检查后,方可接通市电电源。

(2)分别测量 15 W 白炽灯(R)、20 W 荧光灯镇流器(L)和 2.2 μF 电容(C)的等效参数。

(3)测量 L、C 串联与并联后的等效参数。

(4)将测量数据记入表 16.1 中并进行计算。

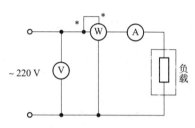

图 16.2　实验电路

表 16.1　交流电路等效参数实验数据

被测阻抗	测量值				计算值			电路等效参数	
	U/V	I/A	P/W	$\cos\varphi$	Z/Ω	$\cos\varphi$	R/Ω	L/mH	$C/\mu F$
15 W 白炽灯 R									
电感线圈 L									
电容 C									
L 与 C 串联									
L 与 C 并联									

实验注意事项:

(1)本实验直接用市电 220 V 交流电源供电,实验中要特别注意人身安全,不可用手直接触摸通电线路的裸露部分,以免触电。进入实验室应穿绝缘鞋。

(2)若使用自耦调压器,则在接通电源前,应将其手柄置在零位上,调节时,使输出电压从零开始逐渐升高。每次改接实验线路及实验完毕,都必须先将其旋柄慢慢调回零位,再切断电源。必须严格遵守这一安全操作规程。

(3)功率表要正确接入电路,读数时应注意量程。

(4)功率表不能单独使用,一定要有电压表和电流表监测,使电压表和电流表的读数不超过功率表电压和电流的量限。

(5)实验前应详细阅读交流功率表的使用说明书,熟悉其使用方法。

(6)电感线圈 L 中流过的电流不得超过 0.3 A。

16.5　思考题

（1）在 50 Hz 的交流电路中，测得一只铁芯线圈的 P、I 和 U，如何算得它的阻值及电感量？

（2）功率表的连接方法是什么？

（3）自耦调压器的操作方法是什么？

16.6　实验报告

（1）根据实验数据，完成各项计算。

（2）分析功率表并联电压线圈前、后接法对测量结果的影响。

实验 17   正弦稳态交流电路相量的研究

17.1   实验目的

(1)研究正弦稳态交流电路中电压、电流相量之间的关系。

(2)掌握荧光灯线路的接线。

(3)理解改善电路功率因数的意义并掌握其方法。

17.2   实验原理

(1)在单相正弦交流电路中,用交流电流表测得各支路的电流值,用交流电压表测得回路元件两端的电压值,它们之间的关系满足相量形式的基尔霍夫定律,即 $\sum I = 0$ 和 $\sum U = 0$。

(2)如图 17.1 所示的 RC 串联电路,在正弦稳态信号 u 的激励下,u_R 与 u_C 保持有 90° 的相位差,即当 R 阻值改变时,u_R 的相量轨迹是一个半圆。u、u_C 与 u_R 三者相量形成一个直角三角形的电压三角形,如图 17.2 所示。R 值改变时,可改变 φ 角的大小,从而达到移相的目的。

(3)荧光灯电路如图 17.3 所示,图中 A 是荧光灯管,L 是镇流器,S 是辉光启动器(俗称"启辉器"),C 是补偿电容,用以改善电路的功率因数($\cos \varphi$ 值)。有关荧光灯的工作原理请自行查阅有关资料。

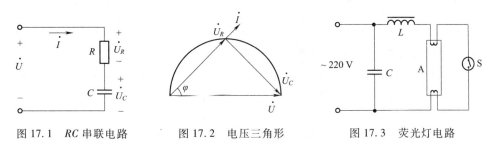

图 17.1 RC 串联电路　　　　图 17.2   电压三角形　　　　图 17.3   荧光灯电路

17.3   实验设备

(1)交流电压表(0 ~ 450 V)。

(2)交流电流表(0 ~ 500 mA)。

(3)单相功率表。

(4)自耦调压器。

(5)镇流器(20 W 荧光灯配用)。

(6)电容器(1 μF、2.2 μF、4 μF/400 V)。

(7)启辉器(与 20 W 荧光灯配用)。

(8)电工技术实验箱。

17.4   实验内容

(1)按图 17.1 接线。R 为 220 V、15 W 的白炽灯泡,电容为 2.2 μF。经指导教师检查后,接通市电电源。记录 U、U_C 与 U_R 的值记入表 17.1 中,验证电压三角形关系。

表 17.1　RC 串联电路实验数据

测量值/V			计算值/V		
U	U_R	U_C	$U' = \sqrt{U_R^2 + U_C^2}$	$\Delta U = U' - U$	$\dfrac{\Delta U}{U}$

（2）荧光灯电路接线与测量。按图 17.4 接线。经指导教师检查后,接通市电电源,记下三表的指示值记入表 17.2 中。测量功率 P、电流 I、电压 U、镇流器电压 U_L、荧光灯电压 U_A 等值,验证电压、电流相量关系。

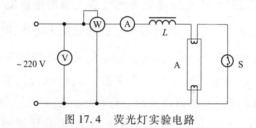

图 17.4　荧光灯实验电路

表 17.2　荧光灯电路实验数据

测量值						计算值	
P/W	$\cos \varphi$	I/A	U/V	U_L/V	U_A/V	R/Ω	$\cos \varphi$

（3）功率因数的改善。按图 17.5 组成实验电路。经指导教师检查后,接通市电电源,记录功率表、电压表读数。通过一只电流表和三个电流插座分别测得三条支路电流,改变电容值,进行三次重复测量。将数据记入表 17.3 中。

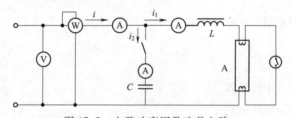

图 17.5　电路功率因数改善电路

表 17.3　荧光灯功率因数的改善实验数据

电容值/ μF	测量数值						计算值	
	P/W	$\cos \varphi$	U/A	I/A	I_1/A	I_C/A	I'/A	$\cos \varphi$
0								
0.47								
1								
2.2								

实验注意事项：

(1)本实验用的是 220 V 交流市电,务必注意用电和人身安全。

(2)功率表要正确接入电路,读数时要注意量程和实际读数的折算关系。

(3)线路接线正确,荧光灯不能启辉时,应检查启辉器及其接触是否良好。

17.5 思考题

(1)在日常生活中,当荧光灯缺少启辉器的时候,人们常用一根导线将启辉器的两端短接一下,然后迅速拿开,使荧光灯点亮;或者是用一个启辉器将多个同类荧光灯点亮,这是为什么?

(2)为了改善电路的功率因数,常在感性负载上并联上电容,此时增加了一条电路支流,试问电路的总电流是增大了还是减小了,此时感性元件上的电流和功率是否改变?

(3)提高电路的功率因数为什么只采用并联电容法,而不是串联呢? 并联的电容是不是越大越好?

17.6 实验报告

(1)完成数据表中的计算,并进行误差分析。

(2)根据实验数据,分别绘出电压、电流相量图,验证相量形式的基尔霍夫定律。

(3)讨论改善电路功率因数的意义和方法。

实验 18　交流电路中互感的测量

18.1　实验目的

(1)学习测定两个耦合线圈的同名端、互感系数和耦合系数。

(2)通过两个具有互感耦合的线圈正向串联和反向串联实验,加深理解互感对电路和等效参数以及电压、电流的影响。

18.2　实验原理

1. 互感同名端的判定

在互感电路的分析计算时,除了需要考虑线圈电阻、电感等参数的影响外,还应特别注意互感电动势(或互感电压降)的大小及方向的正确判定。为了正确判断互感电动势的方向,必须首先判定两个具有互感耦合的同名端。图 18.1 所示是将两个线圈 L_1 和 L_2 的任意两端(如 2、4 端)连在一起,在其中的一个线圈(如 L_1)两端加一个低的交流电压,另一线圈(如 L_2)开路,用交流电压表分别测出端电压 U_{13}、U_{12} 和 U_{34}。若 U_{13} 是两个绕组端电压之差,则"1"和"3"是同名端;若 U_{13} 是两个绕组端电压之和,则"1"和"4"是同名端。

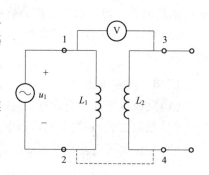

图 18.1　互感同名端的判定电路

2. 互感的多种测量方法

1)等效电感法

设两个耦合线圈的自感分别为 L_1、L_2,它们之间的互感为 M。

若将两个线圈的非同名端相连,如图 18.2(a)所示,则称为正向串联,其等效电感为

$$L_正 = L_1 + L_2 + 2M \tag{18.1}$$

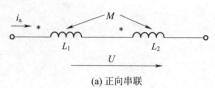
(a) 正向串联

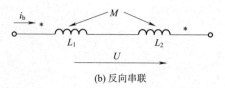
(b) 反向串联

图 18.2　等效电感法

若将两个线圈的同名端相连,如图 18.2(b)所示,则称为反向串联,其等效电感为

$$L_反 = L_1 + L_2 - 2M \tag{18.2}$$

根据式(18.1)、式(18.2)可知: $M = (L_正 - L_反)/4$。利用这种关系,在两线圈串联方式下,同时加上相同的正弦电压,测出各自的电流。这种方法测得的 M 准确度不高,特别是当 $L_正$ 和 $L_反$ 的数值比较接近的时候,误差更大。

2)互感电势法

在图 18.3(a)所示电路的 L_1 侧施加低压交流电压 u_1,测出 i_1 及 u_2,根据互感电动势 $E_2 \approx$

$U_2 = I_1 \omega M_{21}$，可算得互感系数 $M_{21} = \dfrac{U_2}{\omega I_1}$。同理，在图 18.3（b）中，$M_{12} = \dfrac{U_1}{\omega I_2}$，可以证明：

$M_{21} = M_{12}$。

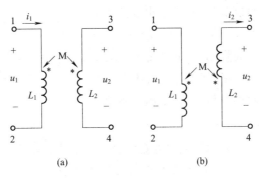

(a)   (b)

图 18.3　互感电势法

3. 两线圈耦合系数的计算

耦合系数 K 的大小与线圈的结构、两线圈的相互位置以及周围磁介质有关。可由下式计算：

$$K = \frac{M}{\sqrt{L_1 L_2}}$$

18.3　实验设备

（1）交流电压表（0～450 V）。

（2）交流电流表（0～500 mA）。

（3）自耦调压器。

（4）互感变压器。

（5）可调电阻（200 Ω，3 W）。

（6）数字万用表。

（7）电工技术实验箱。

18.4　实验内容

1. 用交流法测定耦合线圈的同名端

按图 18.1 接好电路，选择 u_1 为低电压（10 V）加入电路中，测出 U_{13}、U_{34}，按实验原理中所说的来判断同名端。

2. 求两个线圈 L_1、L_2 之间的自感 L_1、L_2

（1）断开电源，用万用表电阻挡分别测出线圈 L_1、L_2 的电阻 R_1、R_2。

（2）将两个线圈分别加上 10 V 的正弦交流电压，测出对应电流 I_1、I_2，并计算出 L_1、L_2。

3. 用两种方法测定线圈 L_1、L_2 之间的互感 M

1）等效电感法

（1）按图 18.2（a）、（b）接好电路但不接电源，用万用表电阻挡分别测出线圈 L_1、L_2 正向串联和反向串联的电阻 $R_正$、$R_反$。

（2）按图 18.2（a）接好电路，加上正弦交流电压使 $U = 10$ V，测出 I_1，并据此求出 $L_正$。

（3）按图 18.2（b）接好电路，加上正弦交流电压使 $U = 10$ V，测出 I_2，并据此求出 $L_反$。

（4）将测试结果记入自制表格中，并求出互感 M。

2）互感电势法

（1）按图 18.3（a）接好电路，加上正弦交流电压使 $U_1 = 10$ V，测出 I_1、U_2。

（2）按图 18.3（b）接好电路，加上正弦交流电压使 $U_1 = 10$ V，测出 I_2、U_1。

（3）将测试结果记入自制表格中，并求出互感 M。

18.5　思考题

（1）如果利用直流电源和万用表如何测定耦合线圈的同名端？

（2）比较测定线圈 L_1、L_2 之间的互感 M 两种方法的优缺点。

18.6　实验报告

（1）整理实验数据记录表格，按照实验内容各步的要求计算出相关参数。

（2）除了在实验原理中介绍的测定同名端的方法外，还有没有其他方法？

实验 19　单相铁芯变压器

19.1　实验目的

(1)了解铁芯变压器的基本构造。

(2)判断绕组端点的相对极性。

(3)学习测定变压器的铁损、变比及外特性的方法。

19.2　实验原理

(1)变压器能将某一数值的交变电压变换为同一频率的另一数值的交变电压。它的结构是由套在闭合铁芯上的两个或多个线圈(绕组)构成的。线圈与线圈、线圈与铁芯之间是绝缘的。变压器与电源相连的一端称为一次侧(又称初级),接负载一端称为二次侧(又称次级)。绕在同一铁芯上的绕组被同一主磁通交链。主磁通交变时,在一、二次绕组中感应出电压,极性相同的绕组端点称为同名端,并标以符号"∗"或"·"。

(2)采用交流法测定绕组的极性,如图 19.1 所示。图中 1 – 2,3 – 4 是两组绕组的端钮。连接两个不同线圈的任意两个端钮(如图中 2、4),并在另一组线圈的两端加一个比较低的便于测量的电压(如 $U_{12} = 50$ V),用电压表分别测出 U_{12}、U_{34} 和 U_{13},若 $|U_{13}| = |U_{12} - U_{34}|$,则 1 和 3 为同名端。若 $|U_{13}| = |U_{12} + U_{34}|$,则 1 和 4 为同名端。

(3)测试变压器的参数时,由各种仪表测得变压器一次侧的 U_1、I_1、P_1 及二次侧的 U_2、I_2,并用万用表 R×1 挡测出一、二次绕组的电阻 R_1 和 R_2,即可算得变压器的各项参数。

电压比:$K_U = \dfrac{U_1}{U_2}$;电流比:$K_I = \dfrac{I_1}{I_2}$。

一次阻抗:$Z_1 = \dfrac{U_1}{I_1}$;二次阻抗:$Z_2 = \dfrac{U_2}{I_2}$;阻抗比 $K_Z = \dfrac{Z_1}{Z_2}$。

负载功率:$P_2 = U_2 I_2 \cos \varphi$;损耗功率:$P_0 = P_1 - P_2$。

功率因数:$\cos \varphi = \dfrac{P_1}{U_1 I_1}$;一次线圈铜耗:$P_{Cu1} = I_1^2 R_1$;二次线圈铜耗:$P_{Cu2} = I_2^2 R_2$;铁耗:$P_{Fe} = P_0 - (P_{Cu1} + P_{Cu2})$。

(4)铁芯变压器是一个非线性元件,铁芯中的磁感应强度 B 决定于外加电压的有效值 U,当二次侧开路(即空载)时,一次侧的励磁电流 I_{10} 与磁场强度 H 成正比。在变压器中,二次侧空载时,一次电压与电流的关系称为变压器的空载特性,这与铁芯的磁化曲线($B – H$ 曲线)是一致的。

空载实验主要是为了测定空载电流 I_0 和空载损耗 P_0。空载电流产生磁通,空载损耗主要是铁芯损耗。变压器的变比 K 是在空载时测定的,$K = \dfrac{U_1}{U_{20}}$,其中 U_{20} 为二次侧的空载电压。

空载实验通常是将高压侧开路,由低压侧通电进行测量,又因空载时功率因数很低,故测量功率时应采用低功率因数功率表,此外因变压器空载时阻抗很大,故电压表应接在电流表外侧。

（5）变压器的外特性测试。所谓外特性，就是在一次电压不变，且负载的功率因数也不变的情况下，二次侧接上负载，二次电压 U_2 将随着负载电流 I_2 的变化而改变，即 $U_2 = f(I_2)$。它们之间的关系曲线称为变压器的外特性。对于电阻性或电感性负载，I_2 增大，U_2 变小，如图 19.2 所示。

为了满足实验中三组灯泡负载额定电压为 220 V 的要求，故以变压器的低压（36 V）绕组作为一次侧（初级），高压（220 V）绕组作为二次侧（次级），即当一台升压变压器使用。

在保持一次电压 U_1（= 36 V）不变时，逐次增加灯泡负载，测定 U_1、U_2、I_1、I_2，即可绘出变压器的外特性，即负载特性曲线 $U_2 = f(I_2)$。

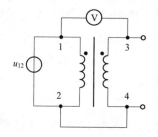

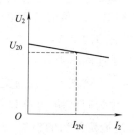

图 19.1　变压器同名端的测定方法　　　　图 19.2　变压器的外特性

19.3　实验设备

（1）交流电压表（0～450 V）。

（2）交流电流表（0～500 mA）。

（3）单相功率表。

（4）自耦调压器。

（5）三相灯组负载（220 V，15 W 白炽灯）。

（6）电工技术实验箱。

19.4　实验内容

（1）判断变压器的同名端电路如图 19.1 所示，U_{12} 取 20 V。先将自耦调压器的输出调为零，再接通电源，然后缓慢增加调压器的输出到 20 V。经指导教师检查后，方可进行实验。

（2）空载试验（测量铁损 P_{Fe}）电路如图 19.3 所示。先将自耦调压器的输出调为零，然后按图 19.3 所示连线，断开灯泡开关，经指导教师检查后，方可接通电源；再缓慢增加自耦调压器的输出到 36 V，按表 19.2 中的要求，测出各值填入表 19.1 中。

表 19.1　空载实验数据

测试项目	U_1	U_{20}	I_1	P_{Fe}	K
测试结果	36 V				

（3）变压器的外特性测定。在图 19.2 中，分别合上灯泡开关，从开通一盏灯至三盏灯，从中选四个点（包括空载点和满载点），将测试结果记入表 19.2 中。

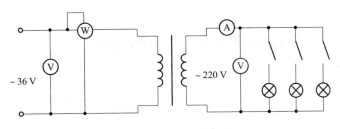

图 19.3 变压器实验

表 19.2 变压器外特性实验数据

开关闭合数/个	0	1	2	3
U_2/V				
I_2/A				
P/W				

(4)空载特性测定。将二次侧(高压线圈)开路,确认调压器处在零位后,合上电源开关,调节调压器输出电压,使一次侧(低压线圈)电压 U_1 从零逐次上升到 1.2 倍的额定电压(1.2 × 36 V),分别记下各次测得的 U_1、U_{20} 和 I_{20} 数据,记入自拟的数据表格中,绘制变压器的空载特性曲线。

实验注意事项:

(1)本实验将变压器作为升压变压器使用,并用调压器提供一次电压,故使用调压器时应先调至零位,然后再合上电源开关,同时,必须用电压表监视调压器的输出,防止被测变压器输出过高电压而损坏实验设备,且要注意安全,以防高压触电。此外,接线时一定要断开电源。

(2)由空载—负载—短路实验过程中,要注意更换仪表的量程挡位。

(3)遇异常情况,应立即断开电源,待处理好故障后,再继续实验。

19.5 思考题

(1)为什么本实验将低压绕组作为一次侧进行通电实验?此时,在实验过程中应注意什么问题?

(2)为什么变压器的参数一定是在空载实验加额定电压的情况下求出?

19.6 实验报告

(1)整理好各项测试数据,分析其结果。

(2)根据表 19.2 的数据,在坐标纸上绘出变压器的外特性曲线。

(3)计算变压器的电压调整率 $U\% = \dfrac{U_{20} - U_{2N}}{U_{20}} \times 100\%$。

实验 20　三相交流电路电压、电流的测量

20.1　实验目的

（1）学习三相负载星形、三角形连接的正确连接方法。掌握这两种接法的线电压和相电压、线电流和相电流的关系及测量方法。

（2）观察分析三相四线制中，当负载不对称时中性线的作用。

20.2　实验原理

（1）三相电路中，负载的连接方式有星形和三角形连接两种。星形连接时根据需要可采用三相三线制和三相四线制供电；三角形连接时只能用三相三线制供电。目前我国低压配电大多数为 380 V 三相四线制系统，通常单相负载的额定电压为 220 V，因此要接在相线和中性线之间，并尽可能使电源各相负载均匀、对称。由于有中性线，可以保证当负载不对称时，负载各相电压仍是对称的，但中性线中有电流通过。

（2）在负载为星形连接的对称三相电路中，线电压和相电压满足 $U_{线} = \sqrt{3} U_{相}$ 的关系，流过中性线的电流为 0，这时可省去中性线。若负载不对称，则必须采用三相四线制接法，而且中性线必须牢固连接，以保证三相不对称电路的每相电压维持对称不变。若中性线断开，线电压和相电压之间不存在 $\sqrt{3}$ 关系，负载端各相电压也就不再对称，会使负载轻的那相的相电压过高，使负载遭受损坏；负载重的一相电压又过低，使负载不能正常工作。因此，对于三相负载，无条件地一律采用星形接法。

（3）在负载为三角形连接的对称三相电路中，相电压等于线电压，线电流是相电流的 $\sqrt{3}$ 倍。若负载不对称，线电流和相电流之间不存在 $\sqrt{3}$ 关系，但相电压仍是对称的，对各相负载工作没有影响。

20.3　实验设备

（1）交流电压表（0 ~ 450 V）。

（2）交流电流表（0 ~ 500 mA）。

（3）单相功率表。

（4）数字万用表。

（5）自耦调压器。

（6）三相灯组负载（220 V，15 W 白炽灯）。

（7）电工技术实验箱。

20.4　实验内容

1. 三相星形连接电路中电压、电流的测量

在图 20.1 中把变压器 a、b、c 三点连在一起就组成了星形连接方式，接上负载，如图 20.2 所示。

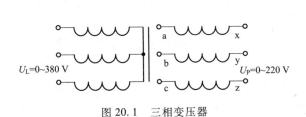

图 20.1　三相变压器

$U_{\mathrm{L}}=0\sim380\ \mathrm{V}$ 　 $U_{\mathrm{P}}=0\sim220\ \mathrm{V}$

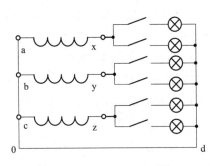

图 20.2　三相星形连接

（1）在图 20.2 中，x、y、z、0 接在三相变压器的输出端钮上。本实验采用线电压为 220 V 的三相电源。

（2）按图 20.2 接好电路，并将三相调压器的输出电压调为零，经指导教师检查合格后，方可合上三相电源开关，然后调节调压器的输出，使输出的三相电压为 220 V。

（3）测出表 20.1 中所要求测试的数据，并将测试结果记入表中。

（4）测出 A 相开路有中性线、无中性线和 C 相短路无中性线的情况下的 U_{xy}、U_{yz}、U_{zx}、U_{xd}、U_{yd}、U_{zd}、U_{0d}、I_A、I_B、I_C、I_0 之值，将测试结果记入自拟表格中。

表 20.1　三相星形连接电路实验数据

实验内容		U_{xy}/V	U_{yz}/V	U_{zx}/V	U_{xd}/V	U_{yd}/V	U_{zd}/V	U_{0d}/V	I_x/mA	I_y/mA	I_z/mA	I_0/mA
负载对称	有中性线											
	无中性线											
负载不对称	有中性线											
	无中性线											

2. 三相三角形连接电路的电压、电流测量

（1）按图 20.3 接好电路。经指导教师检查合格后，接通三相电源，调节调压器，使其输出线电压为 220 V。

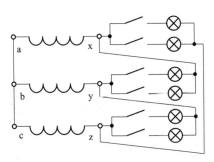

图 20.3　三相三角形连接

（2）测量负载对称与不对称两种情况下的各线电压 U_{xy}、U_{yz}、U_{zx} 和线电流 I_x、I_y、I_z 及 xy 相的相电流 I_{xy}，将测量数据记入自拟表格中。（注：可以根据表 20.1 设计。）

（3）测量 xy 相开路情况下的各线电压、线电流及各相电流，将测量数据记入自拟表格中。

实验注意事项：

（1）本实验采用三相交流市电供电，线电压为 380 V，实验时要注意人身安全，不可触及导电部件，防止意外事故发生。

（2）每次接线完毕，同组同学应自查一遍，然后由指导教师检查合格后，方可接通三相电源。必须严格遵守先接线，后通电；先断电，后拆线的实验操作原则。

20.5　思考题

（1）复习三相交流电路有关内容，试分析三相星形连接不对称负载在无中性线情况下，当某相负载开路或短路时会出现什么情况？如果接上中性线，情况又如何？

（2）做三相交流电路实验时，由于电压较高，连线及操作时应注意哪些事项？

20.6　实验报告

（1）用实验测得的数据验证对称三相电路中的 $\sqrt{3}$ 关系，并根据表 20.1 中的数据说明中性线的作用。

（2）根据实验数据，按比例画出不对称负载星形连接三相三线制电压相量图和三相四线制电流相量图。

实验 21　三相电路功率的测量

21.1　实验目的

(1)掌握用一功率表法、二功率表法测量三相电路有功功率与无功功率的方法。

(2)进一步熟练掌握功率表的接线和使用方法。

21.2　实验原理

(1)对于三相四线制供电的三相星形连接的负载(即 Y0 接法),可用一只功率表测量各相的有功功率 P_A、P_B、P_C,则三相负载的总有功功率 $P = P_A + P_B + P_C$。这就是一功率表法,如图 21.1(a)所示。若三相负载是对称的,则只需测量一相的功率,再乘以 3 即得三相总的有功功率。

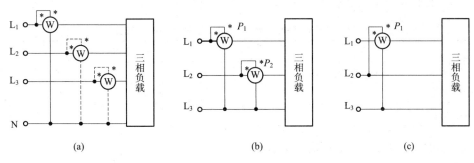

图 21.1　三相电路功率的测量

(2)三相三线制供电系统中,不论三相负载是否对称,也不论负载是星形接法还是三角形接法都可用二功率表法测量三相负载的总有功功率。测量电路如图 21.1(b)所示。若负载为感性或容性,且当相位差 $\psi > 60°$ 时,电路中的一只数字式功率表将出现负读数,这时应将功率表电流线圈的两个端子调换(不能调换电压线圈端子),其读数应记为负值。而三相总功率 $P = P_1 + P_2$(P_1、P_2 本身不含任何意义)。

(3)对于三相三线制供电的三相对称负载,则可用一功率表法测得三相负载的总无功功率 Q,测量电路如图 21.1(c)所示。图示功率表读数的 $\sqrt{3}$ 倍,即为对称三相电路总的无功功率。除了图 21.1(c)给出的一种接法(功率表电流为线电流 I_1、电压为线电压 U_{23}),还有另外两种接法,即接成功率表电流为线电流 I_2、电压为线电压 U_{13} 或功率表电流为线电流 I_3、电压为线电压 U_{12}。

21.3　实验设备

(1)交流电压表(0 ~ 450 V)。

(2)交流电流表(0 ~ 500 mA)。

(3)单相功率表。

(4)自耦调压器。

(5)三相灯组负载(220 V,15 W 白炽灯)。

（6）三相电容负载($0.47\ \mu F$，$1\ \mu F$，$2.2\ \mu F/400\ V$）。

（7）电工技术实验箱。

21.4 实验内容

1. 用一功率表法测定三相对称负载 Y0 接法以及不对称负载 Y0 接法的总功率 P

按图 21.2 接线。在电路中再接入电流表和电压表以监视三相电流和电压，不要超过功率表电压和电流的量程。

经指导教师检查合格后，接通三相电源，调节调压器输出，使输出线电压为 220 V，按表 21.1 的要求进行测量及计算。首先是将三表按图 21.2 接入 A 相进行测量，然后分别将三表换到 B 相和 C 相，再进行测量。

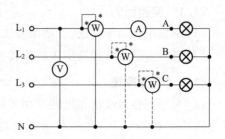

图 21.2　一功率表法测定三相负载总功率

表 21.1　一功率表法测定三相负载总功率实验数据

负载情况	开灯盏数			测量数据			计 算 值
	A 相	B 相	C 相	P_A/W	P_B/W	P_C/W	P/W
Y0 接对称负载	2	2	2				
Y0 接不对称负载	2	1	2				

2. 用二功率表法测定三相负载的总功率

（1）按图 21.3 接线，将三相灯组负载接成星形。

经指导教师检查合格后，接通三相电源，调节调压器输出，使输出线电压为 220 V，按表 21.2 的要求进行测量及计算。

（2）将三相灯组负载改成三角形，重复（1）的测量步骤，将数据记入表 21.2 中。

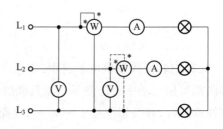

图 21.3　二功率表法测定三相负载总功率

表 21.2　二功率表法测定三相负载总功率实验数据

负载情况	开灯盏数			测量数据		计 算 值
	A 相	B 相	C 相	$P_{表1}/W$	$P_{表2}/W$	P/W
Y0 接对称负载	2	2	2			
Y0 接不对称负载	2	1	2			
△接对称负载	2	2	2			
△接不对称负载	2	1	2			

3. 用一功率表法测定三相对称星形负载的无功功率

按图 21.4 接线。每相负载由白炽灯和电容并联而成，并由开关控制其接入。

（1）检查接线无误后，接通三相电源，调节调压器输出，使输出线电压为 220 V，读取三表的读数,并计算无功功率 Q,将数据记入表 21.3 中。

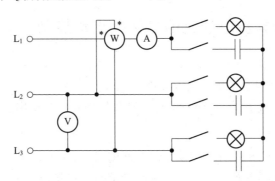

图 21.4　一功率表法测定三相对称星形负载无功功率

(2)按功率表的电流、电压的取值分别为 I_2、U_{13} 和 I_3、U_{12} 连接电路,重复(1)的测量,并比较各自的 Q 值。

表 21.3　一功率表法测定三相对称星形负载无功功率实验数据

负载情况	测量数据			计算值
	U/V	I/A	Q_1/var	$\sum Q = \sqrt{3} Q_1$
(1)三相对称灯组(每相开三盏)				
(2)三相对称电容(每相 3 μF)				
(1)和(2)的并联负载				

实验注意事项:

每次实验完毕,均需要将三相调压器输出电压调回零位。每次改变接线,均需断开三相电源,以确保人身安全。

21.5　思考题

(1)简述二功率表法测量三相电路有功功率的原理。

(2)简述一功率表法测量三相对称负载无功功率的原理。

(3)测量功率时为什么在电路中通常都接有电流表和电压表?

21.6　实验报告

(1)完成数据表格中的各项测量和计算任务。比较一功率表法和二功率表法的测量结果。

(2)总结、分析三相电路功率测量的方法与结果。

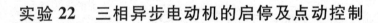

实验 22　三相异步电动机的启停及点动控制

22.1　实验目的

（1）掌握继电接触器控制系统的基本原理。

（2）熟悉控制系统中常用电气元件的结构、动作原理及控制作用。

22.2　实验原理

在生产过程中，对电动机的控制主要是控制它的启动、停止、反转、调速及制动。通常采用开关、按钮、继电器、接触器等控制电器来实现自动控制。要懂得一个控制电路的原理，必须了解其中各个电气元件的结构、动作原理及它们的控制作用。

1. 开关

开关常用来作为电源引入，用它来直接启动、停止小容量笼形电动机。

2. 按钮

按钮通常用来接通或断开控制电路（其中电流很小），从而控制电动机或其他电气设备的运行。按钮中通常都有一个常开触点和一个常闭触点。常开触点用于接通某一控制电路，常闭触点用于断开某一控制电路。也有具有两个常开触点或两个常开触点和两个常闭触点的按钮，可根据需要合理选择。

3. 交流接触器

交流接触器通常用来接通和断开电动机或其他设备的主电路（电流很大），每小时可以开闭好几百次。交流接触器是利用电磁铁的吸引力动作的，使常开触点闭合，常闭触点断开。根据用途不同，交流接触器的触点可分为主触点和辅助触点。两种辅助触点（常开、常闭）通过的电流很小，常接在电动机的控制电路中。主触点通过的电流很大，常接在电动机的主电路中。

4. 熔断器

熔断器是最简便而且有效的短路保护电器。一旦发生短路或严重过载时，熔断器中熔丝，或熔片立即熔断。

为了防止电动机启动时电流较大，而将熔丝烧断，因此熔丝额定电流不能按电动机的额定电流来计算。其计算方法如下：

$$熔丝额定电流 \geqslant \frac{电动机的启动电流}{2.5}$$

5. 热继电器

热继电器通常用来保护电动机使之免受长期过载的危害。由于热惯性，热继电器不能做短路保护。热继电器是利用电流的热效应而动作的。将热元件的电阻丝串联在主电路中，当电流超过容许值时，电阻丝发热，使双金属片受热膨胀，发生弯曲，因而脱扣，扣板在弹簧的拉力下将常闭触点断开。常闭触点接在控制电路中，因而使得接触器线圈断电，从而断开电动机的主电路。

22.3 实验设备

（1）继电器控制电路实验箱。

（2）三相交流异步电动机。

22.4 实验内容

1. 直接启动

该控制线路分为主电路和控制电路两部分，如图 22.1 所示。

主电路是：三相交流电源（380 V）、开关（Q）、熔断器（FU）、接触器主触点（KM）、热继电器热元件（FR）、三相异步电动机（M）。

控制电路是：相线 L_1—热继电器常闭触点（FR）—接触器线圈（KM）—启动按钮常开触点（SB_2）并联接触器辅助常开触点（KM）—停止按钮常闭触点（SB_1）—相线 L_3。

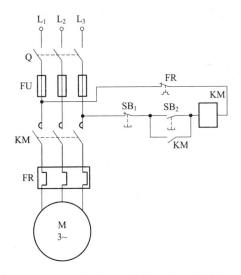

图 22.1　三相异步电动机直接启动电路

（1）按图 22.1 接线，最后将三相交流电源接至调压器输出。实验时先将组合开关 Q 闭合。当按下启动按钮 SB_2 时，交流接触器 KM 的线圈通电，动铁芯闭合，而将三个主触点闭合，电动机 M 启动，交流接触器常开辅助触点闭合实现自锁，松开启动按钮 SB_2 后，电动机持续转动。当停止按钮 SB_1 按下时，线圈电路切断，主触点断开，电动机停转。

（2）零电压保护：调节调压器输出，直到电动机停转，记录电动机停转时的电压。恢复到原先的电压，若不按启动按钮，电动机不能自行启动。

（3）测量电动机的起动电流和工作电流。将交流电流表（5 A）接入主电路中任一支路。分别测量电动机启动时和正常转动时的电流。

2. 点动控制

将电路图中交流接触器常开辅助触点去除。按下启动按钮 SB_2，电动机转动；松开 SB_2，电动机停转，此即点动控制。

实验注意事项：

（1）先将主电路、控制电路按图 22.1 所示接好，经指导教师检查合格后，方可接上电源。

（2）遇到异常情况，应立即断开电源，待故障排除后，再继续实验。

22.5　思考题

（1）为什么不用熔断器做电动机的过载保护？

（2）为什么热继电器不能做短路保护？

（3）说明异步电动机的启停控制过程和各种保护电器的工作原理。

22.6　实验报告

（1）说明自锁的含义。

（2）说明零电压保护原理。

（3）分析电动机起动电流比工作电流大的原因，它有什么危害。

实验 23　三相异步电动机的正反转控制

23.1　实验目的
掌握用两个交流接触器来控制三相异步电动机的正反转。

23.2　实验原理
根据三相异步电动机的工作原理,实现正反转,只要将接到电源的任意两根连线对调一下即可。为此,用两个交流接触器就可实现这一要求,如图 23.1 所示。

设计控制电路时,必须保证两个交流接触器不能同时工作,否则电源线会通过交流接触器而短路。因此控制电路中要有互锁控制,即同一时刻只允许一个交流接触器工作。

23.3　实验设备
(1)继电器控制电路实验箱。

(2)三相交流异步电动机。

23.4　实验内容
(1)图 23.2 所示为正反转控制电路接法 1,图 23.3 所示为正反转控制电路接法 2。

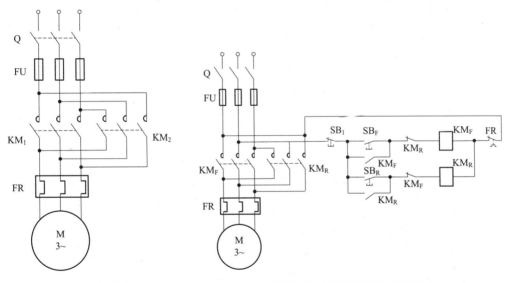

图 23.1　正反转控制原理　　　　　　图 23.2　正反转控制电路接法 1

(2)先将主电路及控制电路接好,再将电源接至调压器输出。分别用两种接法实现控制电路。比较两者有何不同。

实验注意事项:

(1)接好电路后,须仔细检查,确定无误后,方可启动。

(2)遇到异常情况,先切断电源,待故障排除后,再继续实验。

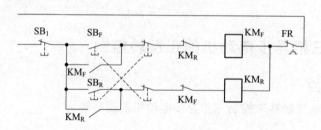

图 23.3　正反转控制电路接法 2

23.5　思考题

（1）说明实现三相异步电动机正反转控制的工作原理和实现方法。

（2）为什么在做三相异步电动机正反转控制实验时，最好等电动机完全停止后，才能按反转启动按钮？

23.6　实验报告

（1）比较两种接法的不同。

（2）分别写出两种接法的实现过程。

实验 24　三相异步电动机的Ｙ-△启动

24.1　实验目的
（1）了解三相异步电动机Ｙ-△启动的应用。
（2）掌握三相异步电动机Ｙ-△启动的原理、控制电路及时间继电器的使用。

24.2　实验原理
如果电动机直接启动时所引起的线路电压下降较大，则必须采用降压启动方法，就是在启动时降低加在电动机定子绕组上的电压，以减少起动电流。星形-三角形（Ｙ-△）换接是最常用的方法。在电动机启动时把绕组接成星形，等到转速接近额定值时再换接成三角形，这样启动就把定子每相绕组上的电压降到正常工作电压的 $1/\sqrt{3}$，起动电流为直接启动时的 1/3。这种接法适合于空载或轻载时启动。

通常采用时间继电器进行换接延时。时间继电器有通电延时型和断电延时型。通电延时型有两个延时触点：一个是延时断开的常闭触点，一个是延时闭合的常开触点。此外，还有两个瞬时触点，即通电后瞬时动作。断电延时型也有两个延时触点，一个是延时闭合的常闭触点，一个是延时断开的常开触点。

24.3　实验设备
（1）继电器控制电路实验箱。
（2）三相交流异步电动机。

24.4　实验内容
（1）按图 24.1 接线。
（2）本实验电路的动作次序如下：

注意：在转换过程中应避免 KM₃ 的常开触点尚未断开时而 KM₂ 已吸合而引起电源短路的情况发生。

（3）按图 24.1 接好线路，然后将电源接至调压器输出，接通电源，验证动作次序。

实验注意事项：
（1）接好线路后，须仔细检查，确定无误后，方可启动。
（2）遇到异常情况，先切断电源，待故障排除后，再继续实验。

24.5　思考题
（1）为什么三相异步电动机要实现Ｙ-△启动？

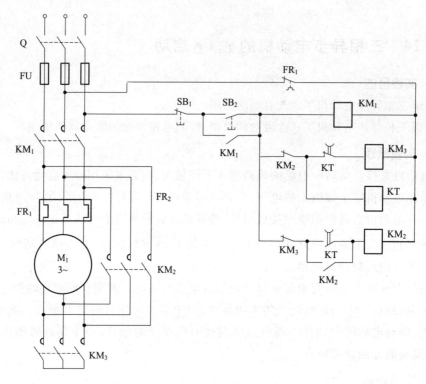

图 24.1　三相异步电动机的 Y–△ 启动电路

（2）说明三相异步电动机 Y–△ 启动的工作原理和实现方法。

24.6　实验报告

分析本实验线路有何缺点，如何改进？

实验 25　三相异步电动机的制动

25.1　实验目的

掌握三相异步电动机制动的原理及常用方法。

25.2　实验原理

三相异步电动机的制动是指在切断电源后,使电动机能迅速停转所采取的措施。常用的制动方法有反接制动、能耗制动等。

反接制动:在停车时,将接到电源的三根导线中的任意两根的一端对调位置,使电动机反转,以达到制动的目的,在电动机转速接近零时,应将电源切断。其优点是制动简单、效果好。缺点是制动电流及能耗大。

能耗制动:在切断电源的同时,在电动机的任意两个绕组中通入直流电,直流电产生的磁场与转子转动时产生的磁场方向相反,因而起到制动作用。通入直流电大小一般为电动机额定电流的 0.5 倍,其优点是制动平稳、能量消耗小,但需要直流电。

25.3　实验设备

(1)继电器控制电路实验箱。

(2)三相交流异步电动机。

25.4　实验内容

1. 反接制动

(1)实验电路如图 23.2 所示。

(2)启动电动机工作,待电动机运转平稳后,按下反转按钮;待电动机即将停转时(转速将为零时),切断电源,否则电动机将反转。

2. 能耗制动

(1)实验电路如图 25.1 所示。其中,KT 为断电延时继电器。

(2)本实验电路的动作次序如下:

(3)分别采用不同大小的直流电流进行测试,比较制动效果。

实验注意事项:

(1)接好线路后,须仔细检查,确定无误后,方可启动。

(2)遇到异常情况,先切断电源,待故障排除后,再继续实验。

25.5　思考题

(1)什么情况下三相异步电动机要采取制动措施?

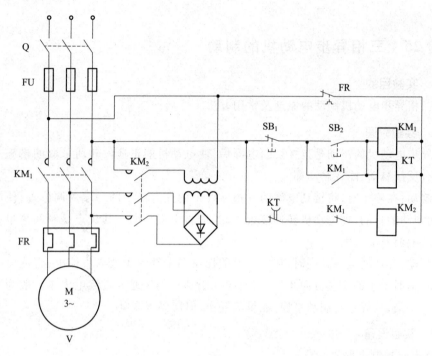

图 25.1 异步电动机的能耗制动电路

（2）说明三相异步电动机制动常用的方法和工作原理。

25.6 实验报告

（1）断电延时继电器与通用延时继电器有何区别。

（2）比较两种制动方式的优缺点。

实验 26　三相异步电动机顺序控制

26.1　实验目的
掌握各种不同三相异步电动机顺序控制的工作原理和接线。

26.2　实验原理
生产实践中常要求各种运动部件之间能够按顺序工作,因而需要实现三相异步电动机顺序控制。实现方法可以根据三相异步电动机的启停顺序,利用接触器或继电器的触点实现联锁,也可以采用时间继电器按时间顺序启停控制电路。

26.3　实验设备
(1)继电器控制电路实验箱。
(2)三相交流异步电动机。
(3)三相灯组负载(220 V,15 W白炽灯)。

26.4　实验内容
1. 三相异步电动机启动顺序控制(一)

按图 26.1 接线。本实验需用 M_1、M_2 两台电动机,如果只有一台电动机,则可用灯组负载来模拟 M_2。图中 L_1、L_2、L_3 接实验台上三相调压器的输出插孔。

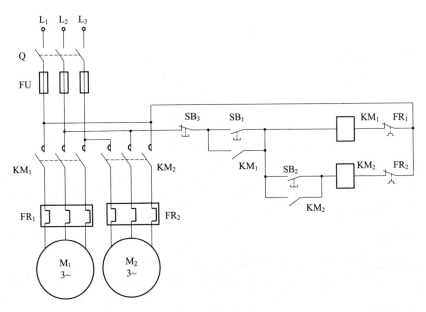

图 26.1　启动顺序控制(一)

(1)调压器手柄逆时针旋转到底,启动实验台电源,调节调压器使输出线电压为 220 V。
(2)按下 SB_1,观察电动机运行情况及接触器吸合情况。

（3）保持 M_1 运转时按下 SB_2，观察电动机运转及接触器吸合情况。

（4）在 M_1 和 M_2 都运转时，能不能单独停止 M_2？

（5）按下 SB_3 使电动机停转后，按下 SB_2，电动机 M_2 是否启动，为什么？

2. 三相异步电动机启动顺序控制（二）

按图 26.2 重新接线。

（1）将调压器手柄逆时针旋转到底，启动实验台电源，调节调压器使输出线电压为 220 V。

（2）按下 SB_1，观察并记录电动机及各接触器运行状态。

（3）再按下 SB_3，观察并记录电动机及各接触器运行状态。

（4）单独按下 SB_3，观察并记录电动机及各接触器运行状态。

（5）在 M_1 与 M_2 都运行时，按下 SB_3，观察电动机及各接触器运行状态。

（6）按下 SB_4 使 M_2 停止后再按 SB_3，观察并记录电动机及接触器运行状态。

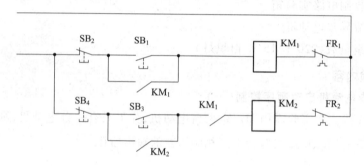

图 26.2 启动顺序控制（二）

3. 三相异步电动机停止顺序控制

实验电路同图 26.2。

（1）接通 220 V 三相交流电源。

（2）按下 SB_2，观察并记录电动机及接触器运行状态。

（3）按下 SB_4，观察并记录电动机及接触器运行状态。

（4）在 M_1 与 M_2 都运行时，单独按下 SB_2，观察并记录电动机及接触器运行状态。

（5）在 M_1 与 M_2 都运行时，单独按下 SB_4，观察并记录电动机及接触器运行状态。

4. 列举几个顺序控制的机床控制实例，并说明其用途

26.5 思考题

（1）如何用继电器实现两台三相异步电动机 M_1、M_2 的顺序启动？

（2）如何用继电器实现两台三相异步电动机 M_1、M_2 的顺序停止？

26.6 实验报告

（1）画出图 26.1、图 26.2 的运行原理流程图。

（2）比较图 26.1、图 26.2 两种电路的不同点和各自的特点。

第3篇 模拟电子技术

实验27 常用电子仪器使用,用万用表测试二极管、三极管

27.1 实验目的

(1)学习示波器、低频信号发生器、晶体管毫伏表及直流稳压电源的使用方法。

(2)学习用万用表辨别二极管、三极管引脚的方法及判断它们的好坏。

(3)学习识别各种类型的元件。

27.2 实验原理

模拟电子技术基础实验电路结构如图27.1所示,其中常用电子仪器有:数字示波器、低频信号发生器、晶体管毫伏表、万用表等。

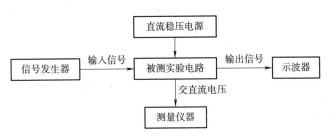

图27.1 模拟电子技术基础实验电路结构

为了在实验中能准确地测量数据,观察实验现象,必须学会正确使用这些仪器的方法,这是一项重要的实验技能。因此,以后每次实验都要反复进行这方面的练习。

27.3 实验设备

(1)数字示波器。

(2)低频信号发生器。

(3)晶体管毫伏表。

(4)万用表。

(5)直流稳压电源。

27.4 实验内容

1. 电子仪器使用练习

(1)将示波器电源接通,调节有关旋钮,使示波器进入待测状态。

（2）启动低频信号发生器,调节其输出电压（有效值）为 1～5 V,频率为 1 kHz,将示波器通道 1 的探头连接低频信号发生器输出信号。

（3）按下示波器 AUTO 按钮。示波器将自动设置垂直、水平、触发控制。若要优化波形的显示,可在此基础上手动调整控制按钮,直至波形的显示符合要求。

（4）用晶体管毫伏表测量信号发生器的输出电压。测量时,晶体管毫伏表的量程要选择适当,以使读数准确。注意不要过量程。

2. 用数字万用表辨别二极管的极性、辨别三极管 E、B、C 各极、三极管的类型（PNP 或 NPN）及其好坏

1）利用数字万用表测试二极管

将数字万用表拨至"二极管、蜂鸣"挡,红表笔对黑表笔有 +2.8 V 的电压,此时数字万用表显示的是所测二极管的压降（单位为 mV）。测量电路如图 27.2 所示。正常情况下,正向测量时压降为 300～900 mV,反向测量时为溢出"1"。若正反向测量均显示"000",则说明二极管短路;正向测量时显示溢出"1",说明二极管开路。另外,此法可用来辨别硅管和锗管。若正向测量的压降范围为 500～900 mV,则所测二极管为硅管;若压降范围为 150～300 mV,则所测二极管为锗管。

2）利用数字万用表测试小功率三极管

三极管的结构犹如"背靠背"的两个二极管,如图 27.3 所示。测试时用"二极管、蜂鸣"挡。

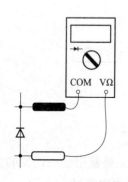

图 27.2　利用数字万用表测试二极管

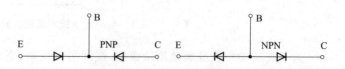

图 27.3　三极管的两个 PN 结结构示意图

（1）判断基极 B 和三极管的类型。用万用表的红表笔接三极管的某一极,黑表笔依次接其他两个极,若两次测得值都很小（在 1 000 以下）,则红表笔接的为 NPN 型管的基极 B,如图 27.4（a）所示;若测量值很大（溢出"1"）,则红表笔所接的是 PNP 型管的基极 B,如图 27.4（b）所示。若两次量得的值为一大一小,应换一个极再试。测试过程中,若发现三极管任何两极之间的测量值都很小,或是都很大表明三极管已击穿或烧坏。

（2）直流电流放大系数 hFE 测量。将数字万用表拨至三极管直流电流放大系数测量 hFE 挡,按图 27.5 所示将三极管电极按类型以及电极名称插入相应三极管座中,此时万用表显示三极管的直流电流放大系数 hFE 值。

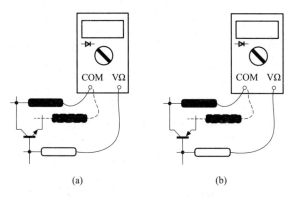

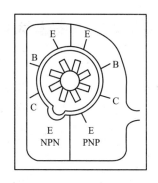

图 27.4　判断基极 b 和三极管的类型　　　　图 27.5　hFE 测量

(3)选择一些不同类型的电阻、电位器、电容、电感、变压器等常用元件加以辨认。

27.5　思考题

(1)说明三极管的三个电极名称及由来。

(2)写出三极管直流电流放大系数 h_{FE} 的计算公式。

27.6　实验报告

(1)整理实验数据,填入自拟表格中,分析实验结果。

(2)说明使用示波器观察波形时,各调节旋钮的作用。

(3)总结用万用表测试二极管和三极管的方法。

实验 28   单级放大电路测试

28.1   实验目的

(1)掌握放大器静态工作点的调试方法及其对放大器性能的影响。

(2)学习测量放大器 Q 点,A_u,R_i,R_o 的方法,了解共射极放大电路的特性。

(3)学习放大器的动态性能。

28.2   实验原理

共射极单管放大器实验电路如图 28.1 所示。它的偏置电路采用 R_{B1} 和 R_{B2} 组成的分压电路,并在发射极中接有电阻 R_{E1} 和 R_{E2},以稳定放大器的静态工作点。当在放大器的输入端加入输入信号 u_i 后,在放大器的输出端便可得到一个与 u_i 相位相反,幅值被放大了的输出信号 u_o,从而实现了电压放大。

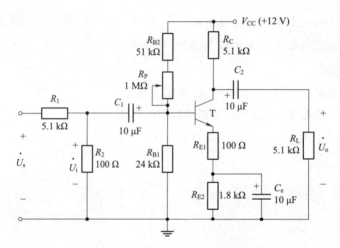

图 28.1   共射极单管放大器实验电路

在图 28.1 所示电路中,当流过偏置电阻 R_{B1} 和 R_{B2} 的电流远大于三极管 T 的基极电流 I_B 时(一般为 5 ~ 10 倍),则它的静态工作点可用下式估算:

$$U_B \approx \frac{R_{B1}}{R_{B1} + R_{B2}} V_{CC}$$

$$I_E \approx \frac{U_B - U_{BE}}{R_E} \approx I_C$$

$$U_{CE} = V_{CC} - I_C(R_C + R_E)$$

电压放大倍数:
$$A_u = -\beta \frac{R_C // R_L}{r_{be}}$$

输入电阻:
$$R_i = R_{B1} // R_{B2} // r_{be}$$

输出电阻:
$$R_o \approx R_C$$

由于电子器件性能的分散性比较大,因此在设计和制作三极管放大电路时,离不开测量和调试技术。在设计前应测量所用元器件的参数,为电路设计提供必要的依据,在完成设计和装配以后,还必须测量和调试放大器的静态工作点和各项性能指标。放大器的测量和调试一般包括:放大器静态工作点的测量与调试及放大器动态指标的测量与调试等。

1. 放大器静态工作点的测量与调试

1)静态工作点的测量

测量放大器的静态工作点,应在输入信号 $u_i = 0$ 的情况下进行,即将放大器输入端与地端短接,然后选用量程合适的直流毫安表和直流电压表,分别测量三极管的集电极电流 I_C 以及各电极对地的电位 U_B、U_C 和 U_E。一般实验中,为了避免断开集电极,采用测量电位 U_E 或 U_C,然后算出 I_C 的方法,例如,只要测出 U_E,即可用

$I_C \approx I_E = \dfrac{U_E}{R_E}$,算出 I_C(也可根据 $I_C = \dfrac{V_{CC} - U_C}{R_C}$,由 U_C 确定 I_C),同时也能算出 $U_{BE} = U_B - U_E$,

$U_{CE} = U_C - U_E$。

为了减小误差,提高测量精度,应选用内阻较高的直流电压表。

2)静态工作点的调试

放大器静态工作点的调试是指对三极管集电极电流 I_C(或 U_{CE})的调整与测试。静态工作点是否合适,对放大器的性能和输出波形都有很大影响。如工作点偏高,放大器在加入交流信号以后易产生饱和失真,此时 u_o 的负半周将被削底,如图 28.2(a)所示;如工作点偏低,则易产生截止失真,即 u_o 的正半周被缩顶(一般截止失真不如饱和失真明显),如图 28.2(b)所示。这些情况都不符合不失真放大的要求。所以,在选定静态工作点以后还必须进行动态调试,即在放大器的输入端加入一定的输入电压 u_i,检查输出电压 u_o 的大小和波形是否满足要求。如不满足,则应调节静态工作点的位置。

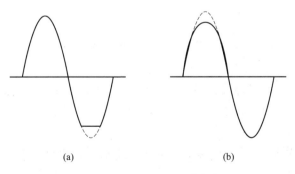

(a)   (b)

图 28.2　静态工作点对 u_o 波形失真的影响

改变电路参数 V_{CC}、R_C、R_B(R_{B1} 和 R_{B2})都会引起静态工作点的变化。但通常多采用调节偏置电阻 R_{B2} 的方法来改变静态工作点,如减小 R_{B2},可使静态工作点提高等。

最后还要说明的是,上面所说的静态工作点"偏高"或"偏低"不是绝对的,应该是相对信号的幅度而言的,如输入信号幅度很小,即使工作点较高或较低也不一定会出现失真。所以,确切地说,产生波形失真是信号幅度与静态工作点设置配合不当所致。

2. 放大器动态指标的测量与调试

放大器动态指标包括电压放大倍数、输入电阻、输出电阻、最大不失真输出电压(动态范围)和通频带等。

1)电压放大倍数 A_u 的测量

调整放大器到合适的静态工作点,然后加入输入电压 u_i,在输出电压 u_o 不失真的情况下,用交流毫伏表测出 u_i 和 u_o 的有效值 U_i 和 U_o,则

$$A_u = \frac{U_o}{U_i}$$

2)输入电阻 R_i 的测量

为了测量放大器的输入电阻,按图 28.3 所示电路在被测放大器的输入端与信号源之间串入一已知电阻 R,在放大器正常工作的情况下,用交流毫伏表测出 U_s 和 U_i,则根据输入电阻的定义可得

$$R_i = \frac{U_i}{I_i} = \frac{U_i}{U_R/R} = \frac{U_i}{U_s - U_i}R$$

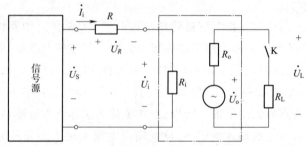

图 28.3　输入、输出电阻测量电路

测量时应注意下列几点:

(1)由于电阻 R 两端没有电路公共接地点,所以测量 R 两端电压 U_R 时必须分别测出 U_s 和 U_i,然后按 $U_R = U_s - U_i$ 求出 U_R 值。

(2)电阻 R 的值不宜取得过大或过小,以免产生较大的测量误差,通常取 R 与 R_i 为同一数量级为好,本实验可取 $R = 1 \sim 10 \ \text{k}\Omega$。

3)输出电阻 R_o 的测量

在放大器正常工作条件下,测出输出端不接负载 R_L 的输出电压 U_o 和接入负载后的输出电压 U_L,根据

$$U_L = \frac{R_L}{R_o + R_L}U_o$$

即可求出

$$R_o = \left(\frac{U_o}{U_L} - 1\right)R_L$$

在测试中应注意,必须保持 R_L 接入前后输入信号的大小不变。

4）最大不失真输出电压 U_{OPP} 的测量（最大动态范围）

如上所述，为了得到最大动态范围，应将静态工作点调在交流负载线的中点。为此在放大器正常工作情况下，逐步增大输入信号的幅度，并同时调节 R_P（改变静态工作点），用示波器观察 u_o，当输出波形同时出现削底和缩顶现象（见图 28.4）时，说明静态工作点已调在交流负载线的中点。然后反复调整输入信号，使波形输出幅度最大，且无明显失真时，用交流毫伏表测出 U_o（有效值），则动态范围等于 $2\sqrt{2}\,U_o$。或用示波器直接读出 U_{OPP}。

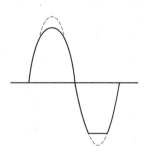

图 28.4 静态工作点正常，输入信号太大引起的失真

28.3 实验设备

（1）双踪示波器。

（2）函数信号发生器。

（3）数字万用表。

（4）频率计。

（5）交流毫伏表。

（6）直流毫伏表。

（7）模拟电子技术实验箱。

28.4 实验内容

1. 实验电路测试与连接

（1）用万用表判断实验箱上三极管 T 的极性和好坏，电解电容 C 的极性和好坏。

（2）按图 28.1 所示连接电路（注意：接线前先测量 +12 V 电源，关断电源后再连线），将 R_P 的阻值调到最大位置。

2. 静态调整

调整 R_P，使 $U_E = 2.2$ V，计算并填入表 28.1 中。

表 28.1 静态工作点

测 量 值			计 算 值	
U_{BE}/V	U_{CE}/V	$R_B/k\Omega$	$I_B/\mu A$	I_C/mA

3. 动态研究

（1）将函数信号发生器调到 $f = 1$ kHz，幅值为 3 mV，接到放大器输入端，观察 U_i 和 U_o 波形，并比较相位。

（2）信号源频率不变，逐渐加大信号幅度，观察 U_o 不失真时的最大值，并填入表 28.2 中。

表 28.2 动态实验数据($R_L = \infty$)

测 量 值		计 算 值	估 计 值
U_i/mV	U_o/V	A_u	A_u

(3)保持 $U_i = 5\text{ mV}$ 不变,放大器接入负载 R_L,在改变 R_C 数值的情况下测量,并将计算结果填入表 28.3 中。

表 28.3 改变负载实验数据

给定参数		测 量 值		计 算 值	估 算 值
R_C	R_L	U_i/mV	U_o/V	A_u	A_u
2 kΩ	5.1 kΩ				
5.1 kΩ	5.1 kΩ				

4. 测量放大器输入、输出电阻

测量电路如图 28.3 所示。

1)输入电阻测量

在输入端串联一个电阻 $R = 5.1\text{ kΩ}$,测量 U_S 与 U_i,即可计算 R_i。

2)输出电阻测量

在输出端接入可调电阻作为负载,选择合适的 R_L 值使放大器输出不失真(接示波器监视),测量有负载和空载时的 U_o,即可计算 R_o。

将上述测量及计算结果填入表 28.4 中。

表 28.4 输入、输出电阻实验数据

测量输入电阻 $R = 5.1$ kΩ				测量输出电阻			
测量值		计算值	估算值	测量值		计算值	估算值
U_S	U_i	R_i	R_i	$U_o(R_L = \infty)$	$U_o(R_L = 5.1 \text{ kΩ})$	R_o	R_o

28.5 思考题

(1)简述三极管及单管放大器的工作原理。

(2)简述放大器动态及静态测量方法。

28.6 实验报告

(1)列表整理测量结果,并把实测的静态工作点、电压放大倍数、输入电阻、输出电阻之值与理论计算值比较(取一组数据进行比较),分析产生误差的原因。

(2)总结 R_C、R_L 及静态工作点对放大器电压放大倍数、输入电阻、输出电阻的影响。

(3)讨论静态工作点变化对放大器输出波形的影响。

(4)分析讨论在调试过程中出现的问题。

实验 29　场效应管放大器测试

29.1　实验目的

(1)了解结型场效应管的性能和特点。

(2)进一步熟悉放大器动态参数的测试方法。

29.2　实验原理

场效应管是一种电压控制型器件。按结构可分为结型和绝缘栅型两种。由于场效应管栅、源之间处于绝缘或反向偏置,所以输入电阻很高(一般可达上百兆欧),又由于场效应管是一种多数载流子控制器件,因此热稳定性好,抗辐射能力强,噪声系数小。加之制造工艺较简单,便于大规模集成,因此得到越来越广泛的应用。

1. 结型场效应管的参数

场效应管的直流参数主要有饱和漏极电流 I_{DSS}、夹断电压 U_P等;交流参数主要有低频跨导

$$g_m = \frac{\Delta I_D}{\Delta U_{GS}}$$

2. 场效应管放大器性能分析

图 29.1 所示为结型场效应管共源极放大电路。其静态工作点为

$$U_{GS} = U_G - U_S = \frac{R_{g1}}{R_{g1} + R_{g2}} V_{DD} - I_D R_S$$

$$I_D = I_{DSS}\left(1 - \frac{U_{GS}}{U_P}\right)$$

中频电压放大倍数:$A_u = -g_m R'_L = -g_m$

$R_D // R_L$。

输入电阻:$R_i = R_G + R_{g1} // R_{g2}$。

输出电阻:$R_o \approx R_D$。

式中,跨导 g_m 可由公式

$$g_m = -\frac{2 I_{DSS}}{U_P}\left(1 - \frac{U_{GS}}{U_P}\right)$$

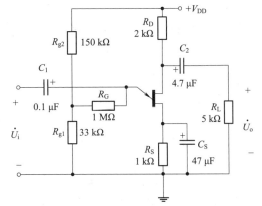

图 29.1　结型场效应管共源极放大电路

计算。但要注意,计算时 U_{GS} 要用静态工作点处的数值。

3. 输入电阻的测量方法

场效应管放大器的静态工作点、电压放大倍数和输出电阻的测量方法,与三极管放大器的测量方法相同。其输入电阻的测量,为了减小误差,常利用被测放大器的隔离作用,通过测量输出电压 U_o 来计算输入电阻。测量电路如图 29.2 所示。

在放大器的输入端串入电阻 R,把开关 K 掷向位置 1(即使 $R=0$),测量放大器的输出电压$U_{o1} = A_u U_S$;保持 U_S 不变,再把 K 掷向位置 2(即接入 R),测量放大器的输出电压 U_{o2}。由于

两次测量中 A_u 和 U_S 保持不变,故

$$R_i = \frac{U_{o2}}{U_{o1} - U_{o2}} R$$

式中,R 和 R_i 不要相差太大,本实验可取 $R = 100 \sim 200 \text{ k}\Omega$。

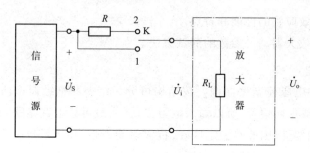

图 29.2　输入电阻测量电路

29.3　实验设备

(1)函数信号发生器。

(2)双踪示波器。

(3)交流毫伏表。

(4)直流电压表。

(5)结型场效应管、电阻、电容。

(6)模拟电子技术实验箱。

29.4　实验内容

1. 静态工作点的测量和调整

按图 29.1 连接电路,令 $U_i = 0$,接通 $+12 \text{ V}$ 电源,用直流电压表测量 U_G、U_S 和 U_D。把结果记入表 29.1 中。

表 29.1　静态工作点

测 量 值						计 算 值		
U_G/V	U_S/V	U_D/V	U_{DS}/V	U_{GS}/V	I_D/mA	U_{DS}/V	U_{GS}/V	I_D/mA

2. 电压放大倍数 A_u、输入电阻 R_i 和输出电阻 R_o 的测量

1)A_u 和 R_o 的测量

在放大器的输入端加入 $f = 1 \text{ kHz}$ 的正弦信号 U_i($50 \sim 100 \text{ mV}$),并用示波器监视输出电压 u_o 的波形。在输出电压 u_o 没有失真的条件下,用交流毫伏表分别测量 $R_L = \infty$ 和 $R_L = 10 \text{ k}\Omega$ 时的输出电压 U_o(注意:保持 U_i 幅值不变),记入表 29.2 中。

表 29.2　动态参数测量

	测　量　值				计　算　值	
项　　目	U_i/V	U_o/V	A_u	$R_o/k\Omega$	A_u	$R_o/k\Omega$
$R_L = \infty$						
$R_L = 5\ k\Omega$						

用示波器同时观察 u_i 和 u_o 的波形,分析它们的相位关系。

2)R_i 的测量

按图 29.2 改接实验电路,选择合适大小的输入电压 U_s(50~100 mV),将开关 K 掷向位置 1,测出 $R = 0$ 时的输出电压 U_{o1},然后将开关 K 掷向位置 2(接入 R),保持 U_s 不变,再测出 U_{o2},根据公式 $R_i = \dfrac{U_{o2}}{U_{o1} - U_{o2}} R$ 求出 R_i,将结果记入表 29.3 中。

表 29.3　R_i 的测量

	测　量　值		计　算　值
U_{o1}/V	U_{o2}/V	$R_i/k\Omega$	$R_i/k\Omega$

29.5　思考题

(1)复习有关场效应管的内容,分别用图解法与计算法估算其静态工作点(根据实验电路参数),求出工作点处的跨导 g_m。

(2)场效应管放大器输入回路的电容 C_1 为什么可以取得小一些(可以取 $C_1 = 0.1\ \mu F$)?

(3)在测量场效应管静态工作电压 U_{GS} 时,能否用直流电压表直接并在 G、S 两端测量?为什么?

(4)为什么测量场效应管输入电阻时要用测量输出电压的方法?

29.6　实验报告

(1)整理实验数据,将测得的 A_u、R_i、R_o 和理论计算值进行比较。

(2)把场效应管放大器与三极管放大器进行比较,总结场效应管放大器的特点。

(3)分析测试中的问题,总结实验收获。

实验 30   两级放大电路测试

30.1   实验目的

（1）掌握如何合理设置静态工作点。

（2）学会放大器频率特性测试方法。

（3）了解放大器的失真及消除方法。

30.2   实验原理

（1）对于两级放大电路，习惯上规定第一级是从信号源到第二个三极管的基极，第二级是从第二个三极管的基极到负载，这样两级放大器的电压总增益 A_u 为

$$A_u = \frac{U_{o2}}{U_{i1}} = \frac{U_{o2}}{U_{i2}} \cdot \frac{U_{o1}}{U_{i1}} = A_{u1} \cdot A_{u2}$$

式中，电压均为有效值，且 $U_{o1} = U_{i2}$。由此可见，两级放大器电压总增益是单级电压增益的乘积。此结论可推广到多级放大器。

当忽略信号源内阻 R_S 和偏流电阻 R_B 的影响时，放大器的中频电压增益为

$$A_{u1} = \frac{U_{o1}}{U_{i1}} = -\beta_1 \frac{R'_L}{r_{be1}} = -\beta_1 \frac{R_{C1}//r_{be2}}{r_{be1}}$$

$$A_{u2} = \frac{U_{o2}}{U_{i2}} = \frac{U_{o2}}{U_{o1}} = -\beta_2 \frac{R'_{L2}}{r_{be2}} = -\beta_2 \frac{R_{C2}//R_L}{r_{be2}}$$

$$A_u = A_{u1} \cdot A_{u2} = \beta_1 \frac{R_{C1}//r_{be2}}{r_{be1}} \cdot \beta_2 \frac{R_{C2}//R_L}{r_{be2}}$$

必须要注意的是，$A_{u1} \cdot A_{u2}$ 都是考虑了下一级输入电阻（或负载）的影响，所以第一级的输出电压即为第二级的输入电压，而不是第一级的开路输出电压。当第一级增益已计入下一级输入电阻的影响后，在计算第二级增益时，就不必再考虑前级的输出阻抗，否则计算就重复了。

（2）在两级放大器中，β 和 I_E 的提高，必须全面考虑前、后级相互影响的关系。

30.3   实验设备

（1）双踪示波器。

（2）数字万用表。

（3）信号发生器。

（4）毫伏表。

（5）模拟电子技术实验箱。

30.4   实验内容

1. 设置静态工作点

（1）按图 30.1 接线，注意接线尽可能短。

（2）静态工作点设置：要求第二级在输出波形不失真的前提下幅值尽量大，第一级为增加信噪比，静态工作点尽可能低。

（3）在输入端加上 1 kHz，幅度为 1 mV 的交流信号（一般采用在实验箱上加衰减的办法，

即信号源用一个较大的信号,例如 100 mV,在实验板上经 100∶1 衰减,电压降为 1 mV)调整工作点使输出信号不失真。

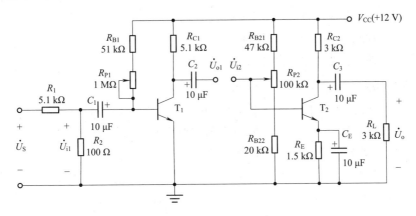

图 30.1　两级放大电路

注意:如发现有寄生振荡,可采用以下措施消除。

①重新布线,尽可能走线短。

②可在三极管发射极与基极间加几皮法到几百皮法的电容。

③信号源与放大器用屏蔽线连接。

2. 空载时的测量与计算

按表 30.1 测量并计算。注意:测静态工作点时应断开输入信号。

表 30.1　静态工作点测量

项目	静态工作点						输入及输出电压/mV			电压放大倍数		
	第一级			第二级						第一级	第二级	整体
	U_{C1}	U_{B1}	U_{E1}	U_{C2}	U_{B2}	U_{E2}	U_i	U_{o1}	U_{o2}	A_{u1}	A_{u2}	A_u
空载												
负载												

3. 接入负载电阻 R_L =3 kΩ 后测量与计算

按表 30.1 测量并计算后,比较空载和负载时的实验结果。

30.5　思考题

(1)多级放大电路极间耦合方式有几种?图 30.1 所示电路是哪一种?

(2)分析图 30.1 所示两级放大电路。初步估计测试内容的变化范围。

30.6　实验报告

(1)整理实验数据,分析实验结果。

(2)把两级放大电路与三极管放大器进行比较,总结多级放大电路的特点。

实验 31　负反馈放大电路测试

31.1　实验目的

（1）了解负反馈对放大器性能的影响。

（2）掌握负反馈放大器性能的测试方法。

31.2　实验原理

　　放大器中采用负反馈，在降低放大倍数的同时，可使放大器的某些性能大大改善。负反馈的类型很多，本实验电路为一个电压串联负反馈的两级放大电路，如图 31.1 所示。C_F、R_F 从第二级 T_2 的集电极接到第一级 T_1 的发射极构成负反馈。

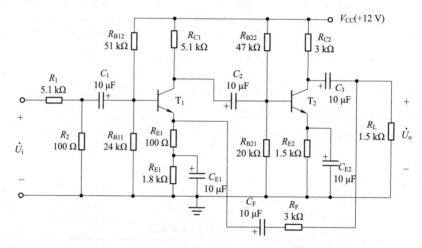

图 31.1　反馈放大电路

负反馈放大电路可以用图 31.2 所示框图来表示。

负反馈放大电路的放大倍数为

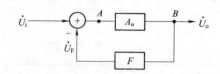

$$A_{uf} = \frac{A_u}{1 + A_u F}$$

图 31.2　负反馈放大电路框图

式中，A_u 称为开环放大倍数。

反馈系数为

$$F = \frac{R_{E1}}{R_{E1} + R_F}$$

负反馈放大器反馈放大倍数稳定度与无反馈放大器反馈放大倍数稳定度有如下关系：

$$\frac{\Delta A_{uf}}{A_{uf}} \Big/ \frac{\Delta A_u}{A_u} = \frac{1}{1 + A_u F}$$

式中，$\dfrac{\Delta A_{uf}}{A_{uf}}$ 称为负反馈放大器的放大倍数稳定度；$\dfrac{\Delta A_u}{A_u}$ 称为无反馈放大器的放大倍数稳定度。

　　由上式可知，负反馈放大器比无反馈放大器的稳定度提高了 $1 + A_u F$ 倍。

31.3 实验设备

（1）双踪示波器。

（2）音频信号发生器。

（3）数字万用表。

（4）模拟电子技术实验箱。

31.4 实验内容

1. 负反馈放大器开环和闭环放大倍数的测试

1）开环电路

（1）按图 31.1 接线，R_F 先不接入。

（2）输入端接入 $U_i = 1$ mV，$f = 1$ kHz 的正弦波。调整接线和参数使输出不失真且无振荡。

（3）按表 31.1 要求进行测量并填表。

（4）根据实测值计算开环放大倍数。

2）闭环电路

（1）接入 R_F，按表 31.1 要求调整电路。

（2）按表 31.1 要求进行测量并填表，计算 A_{uf}。

（3）根据实测结果，验证 $A_{uf} \approx 1/F$。

表 31.1 实验数据

项目	$R_L/k\Omega$	U_i/mV	U_o/mV	$A_u (A_{uf})$
开环	∞	1		
	1.5	1		
闭环	∞	1		
	1.5	1		

2. 负反馈对失真的改善作用

（1）将图 31.1 所示电路开环，逐步加大 U_i 幅度，使输出信号出现失真（注意不要过分失真）记录失真波形幅度。

（2）将图 31.1 所示电路闭环，观察输出情况，并适当增加 U_i 幅度，使输出幅度接近开环时记录失真波形幅度。

（3）若 $R_F = 3$ kΩ 不变，但 R_F 接入 T_1 的基极，会出现什么情况？用实验验证。

（4）画出上述各步实验的波形图。

31.5 思考题

（1）认真阅读实验内容，估计待测量内容的变化趋势。

（2）假设图 31.1 所示电路中两个三极管 β 值均为 120，计算该放大器开环和闭环电压放大倍数。

31.6 实验报告

（1）比较实验值与理论值，分析误差原因。

（2）根据实验内容总结负反馈对放大电路的影响。

实验 32　射极跟随器测试

32.1　实验目的

(1)掌握射极跟随器的特性及测量方法。

(2)进一步学习放大器各项参数的测量方法。

32.2　实验原理

图 32.1 所示为射极跟随器实验电路。它具有输入电阻高、输出电阻低、电压放大倍数接近于 1 和输出电压与输入电压相同的特点。输出电压能够在较大的范围内跟随输入电压做线性变化,而具有优良的跟随特性,故又称射极跟随器。

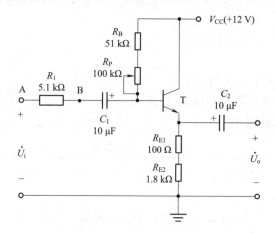

图 32.1　射极跟随器电路图

以下列出射极跟随器特性的关系式,供验证分析时参考。

1. 输入电阻 R_i

设图 32.1 所示电路的负载为 R_L,则输入电阻为

$$R_i = [\, r_{be} + (1 + \beta) R_L' \,] / / R_B$$

式中,$R_L' = R_L / / R_E$。

因为,R_B 很大,所以,$R_i = r_{be} + (1 + \beta) R_L' \approx \beta R_L'$。

若射极跟随器不接负载 R_L,R_B 又很大,则 $R_i = \beta R_E$。

而实际测量时,是在输入端串联一个已知电阻 R_1,在 A 端输入的信号是 U_i,在 B 端输入的信号是 U_i',显然射极跟随器的输入电流为

$$I_i' = \frac{U_i - U_i'}{R_1}$$

I_i' 是流过 R 的电流,于是射极跟随器的输入电阻为

$$R_i = \frac{U_i'}{I_i'} = \frac{U_i'}{\dfrac{U_i - U_i'}{R_1}} = \frac{R_1}{\dfrac{U_i}{U_i'} - 1}$$

所以,只要测得图 32.1 中 A、B 两点之间信号电压的大小,就可按上式计算出输入电阻 R_i。

2. 输出电阻 R_o

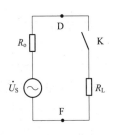

图 32.2 求输出电阻的等效电路

在放大器的输出端(见图 32.2)的 D、F 两点,带上负载 R_L,则放大器的输出信号电压 U_L 将比不带负载时的 U_o 有所下降,因此从放大器的输出端 D、F 看进去整个放大器相当于一个等效电源,该等效电源的电动势为 U_s,内阻即为放大器的输出电阻 R_o,按图 32.2 所示等效电路先使放大器开路,测出其输出电压为 U_o,显然 $U_o = U_s$,再使放大器带上负载 R_L,由于 R_o 的影响,输出电压将降为

$$U_L = \frac{R_L U_s}{R_o + R_L}$$

因为 $U_o = U_s$,   则 $R_o = \left(\dfrac{U_o}{U_L} - 1 \right) R_L$。

所以,在已知负载 R_L 的条件下,只要测出 U_o 和 U_L,就可按上式算出射极跟随器的输出电阻 R_o。

3. 电压跟随范围

电压跟随范围是指射极跟随器输出电压随输入电压做线性变化的区域,但在输入电压超过一定范围时,输出电压便不能跟随输入电压做线性变化,失真急剧增加。

射极跟随器的电压放大倍数为

$$A_u = \frac{U_o}{U_i} \approx 1$$

由此说明,当输入信号 U_i 升高时,输出信号 U_o 也升高。反之,若输入信号降低,输出信号也降低,因此射极跟随器的输出信号与输入信号是同相变化的,这就是射极跟随器的跟随作用。

所谓跟随范围,就是输出电压能够跟随输入电压摆动到的最大幅度还不至于失真,换句话说,跟随范围就是射极输出的动态范围。

32.3 实验设备

(1)示波器。
(2)信号发生器。
(3)数字万用表。
(4)模拟电子技术实验箱。

32.4 实验内容

1. 电路接线

按图 32.1 所示电路接线。

2. 直流工作点的调整

将电源 +12 V 接上,在 B 点加入 $f = 1\ \text{kHz}$ 正弦波信号,输出端用示波器监视,反复调整 R_p 及信号源输出幅度,使输出幅度在示波器屏幕上得到一个最大不失真波形,然后断开输入信号,用万用表测量三极管各极对地的电位,即为该放大器静态工作点,将所测数据填入表 32.1 中。

表 32.1　静态工作点

U_E/V	U_B/V	U_C/V	$I_E = U_E/R_E$

3. 测量电压放大倍数 A_u

接入负载 $R_L = 1\ k\Omega$，在 B 点加入 $f = 1\ kHz$ 正弦信号，调输入信号幅度（此时偏置电位器 R_P 不能再旋动），用示波器观察，在输出最大不失真情况下测 U_i，U_o 值，将所测数据填入表 32.2 中。

表 32.2　动态实验数据

U_i/V	U_o/V	$A_u = U_o/U_i$

4. 测量输出电阻 R_o

在 B 点加入 $f = 1\ kHz$ 正弦信号，$U_i = 100\ mV$ 左右，接上负载 $R_L = 2.2\ k\Omega$ 时，用示波器观察输出波形，测空载输出电压 $U_o(R_L = \infty)$，有负载输出电压 $U_L(R_L = 2.2\ k\Omega)$ 的值。则 $R_o = \left(\dfrac{U_o}{U_L} - 1\right)R_L$。将所测数据填入表 32.3 中。

表 32.3　输出电阻实验数据

U_o/mV	U_L/mV	$R_o = (U_o/U_L - 1)R_L$

5. 测量放大器输入电阻 R_i（采用换算法）

在输入端串入 $5.1\ k\Omega$ 电阻，A 点加入 $f = 1\ kHz$ 的正弦信号，用示波器观察输出波形，用毫伏表分别测量 A，B 点对地电压 U_S、U_i，则 $R_i = \dfrac{U_i}{U_S - U_i} \cdot R = \dfrac{R}{\dfrac{U_S}{U_i} - 1}$。

将所测数据填入表 32.4 中。

表 32.4　输入电阻实验数据

U_S/V	U_i/V	R_i

6. 测量射极跟随器的跟随特性并测量输出电压的峰值 U_{OPP}

接入负载 $R_L = 2\ k\Omega$，在 B 点加入 $f = 1\ kHz$ 的正弦信号，逐点增大输入信号幅度，用示波器监视输出端，在波形不失真时，测量所对应的 U_L 值。计算出 A_u，并用示波器测量输出电压的峰值 U_{OPP} 与电压表读测的对应输出电压有效值比较。将所测数据填入表 32.5 中。

表 32.5　跟随特性实验数据

项目	1	2	3	4
U_i				
U_L				
U_{OPP}				
A_u				

32.5　思考题

(1)说明射极跟随器工作原理、特点和应用场合。

(2)根据图 32.1 中元器件参数,估算静态工作点。

32.6　实验报告

(1)整理实验数据并说明实验中出现的各种现象,得出有关的结论;画出必要的波形。

(2)将实验结果与理论计算比较,分析产生误差的原因。

实验 33　差分放大电路测试

33.1　实验目的

(1) 熟悉差分放大电路工作原理。

(2) 掌握差分放大电路的基本测试方法。

33.2　实验原理

差分放大电路是由两个对称的单管放大电路组成的,如图 33.1 所示,它具有较大的抑制零点漂移的能力。当静态时,由于电路对称,两管的集电极电流相等,管压降也相等,所以总输出电压变化 $\Delta U_o = 0$。当有信号输入时,因每个均压电阻 R 相等,所以在两个三极管 T_1 和 T_2 的基极是加入两个大小相等、方向相反的差模信号电压,即

$$\Delta U_{i1} = \Delta U_{i2} = \frac{1}{2}\Delta U_i$$

放大器总输出电压变化 $\Delta U_o = \Delta U_{o1} - \Delta U_{o2}$。

因为 　　　　　$\Delta U_{o1} = -A_{u1}\left(\frac{1}{2}\Delta U_i\right)$ 　　　$\Delta U_{o2} = -A_{u2}\left(-\frac{1}{2}\Delta U_i\right)$

式中,A_{u1}、A_{u2} 为 T_1、T_2 组成单管放大器的放大倍数。

所以,$\Delta U_o = -A_{u1}\left(\frac{1}{2}\Delta U_i\right) + A_{u2}\left(-\frac{1}{2}\Delta U_i\right) = -\frac{1}{2}(A_{u2} + A_{u1})\Delta U_i$。

当电路完全对称时,$A_{u1} = A_{u2}$,则 $\Delta U_o = -A_u\Delta U_i$,即 $A_u = -\dfrac{\Delta U_o}{\Delta U_i}$。

$$A_u = \frac{1}{2}A_{u1} = \frac{1}{2}A_{u2}$$

由此可见,差分放大电路的放大倍数为单管放大电路的一半。

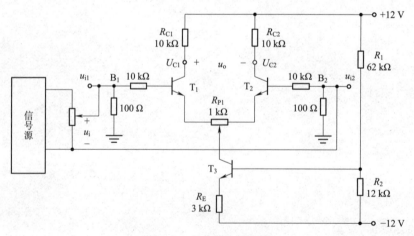

图 33.1　差分放大原理图

实际上要求电路参数完全对称是不可能的,实际中采用图 33.1 所示电路,图中 T_3 用来作恒流源,使其集电极电流 I_{C3} 基本上不随 U_{CE3} 而变。其抑制零漂的作用原理:假设温度升高,静

态电流 I_{C1}、I_{C2} 都增大。I_{C3} 增大,引起 R_{CE1} 上压降增大,但是 U_{B3} 固定不变,于是迫使 U_{BE3} 下降,随着 U_{BE3} 下降,抑制了 I_{C3} 的增大,因为 $I_{C3} = I_{C1} + I_{C2}$,同样,I_{C1} 和 I_{C2} 也受到抑制,这就达到了抑制零漂的目的。

为了表征差分放大电路对共模信号的抑制能力,引入共模抑制比 $CMRR$,其定义为放大器对差模信号的放大倍数 A_d 与共模信号的放大倍数 A_c 的比值。

$$CMRR = \frac{A_d}{A_c}$$

33.3　实验设备

（1）双踪示波器。

（2）数字万用表。

（3）信号源。

（4）模拟电子技术实验箱。

33.4　实验内容

1. 测量静态工作点

1）调零

将输入端短路并接地,接通直流电源,调节电位器 R_{P1},使双端输出电压 $u_o = 0$。

2）测量静态工作点

测量 T_1、T_2、T_3 各极对地电压,并填入表 33.1 中。

表 33.1　静态工作点

对地电压	U_{C1}	U_{B1}	U_{E1}	U_{C2}	U_{B2}	U_{E2}	U_{C3}	U_{B3}	U_{E3}
测量值/V									

2. 测量差模电压放大倍数

在输入端加入直流电压信号 $U_{id} = \pm 0.1$ V,按表 33.2 要求测量并记录,由测量数据算出单端和双端输出的电压放大倍数。

3. 测量共模电压放大倍数

将输入端 B_1、B_2 短接,接到信号源的输入端,信号源另一端接地。分别测量并填入表 33.2 中。由测量数据算出单端和双端输出的电压放大倍数,进一步算出共模抑制比 $CMRR$。

表 33.2　双端输入实验数据

U_i	差模输入						共模输入						共模抑制比
	测量值/V			计算值/V			测量值/V			计算值/V			计算值
	U_{C1}	U_{C2}	U_o	A_{d1}	A_{d2}	A_d	U_{C1}	U_{C2}	U_C	A_{c1}	A_{c2}	A_c	$CMRR$
+0.1 V													
−0.1 V													

4. 在实验板上组成单端输入的差分放大电路进行下列实验

(1)在图 33.1 中将 B_2 接地,组成单端输入差分放大电路,从 B1 端输入直流信号 $U_i =$ ± 0.1 V,测量单端及双端输出,将数据填入表 33.3 中。计算单端输入时的单端及双端输出的电压放大倍数,并与双端输入时的单端及双端差模电压放大倍数进行比较。

表 33.3　单端输入实验数据

输入信号	电压值			差模放大倍数		
	U_{C1}	U_{C2}	U_o	A_{d1}	A_{d2}	A_d
直流 + 0.1 V						
直流 − 0.1 V						
正弦信号(50 mV、1 kHz)						

(2)从 B_1 端加入正弦交流信号 $u_i = 0.05$ V, $f = 1\ 000$ Hz,分别测量、记录单端及双端输出电压。将数据填入表 33.3 中并计算单端及双端的差模放大倍数。

注意:输入交流信号时,用示波器监视 u_{C1}、u_{C2} 波形,若有失真现象时,可减小输入电压值,使 u_{C1}、u_{C2} 都不失真为止。

33.5　思考题

(1)计算图 33.1 所示电路的静态工作点(设 $r_{bc} = 3$ kΩ, $\beta = 100$)及电压放大倍数。

(2)在图 33.1 所示电路基础上画出单端输入和共模输入的电路。

33.6　实验报告

(1)根据实测数据计算图 33.1 所示电路的静态工作点,与思考题(1)计算结果相比较。

(2)整理实验数据,计算各种接法的 A_d,并与理论计算值相比较。

(3)计算实验内容 3 中 A_c 和 *CMRR* 值。

(4)总结差分放大电路的性能和特点。

实验 34 比例、求和运算电路测试

34.1 实验目的
(1)掌握用集成运算放大器组成比例、求和电路的特点及性能。
(2)学会比例、求和电路的测试和分析方法。

34.2 实验原理
(1)比例运算电路包括反相比例运算电路、同相比例运算电路,是其他各种运算电路的基础,在此把它们的公式列出来:

反相比例运算电路:
$$A_f = \frac{U_o}{U_i} = -\frac{R_F}{R_i}$$

同相比例运算电路:
$$A_f = \frac{U_o}{U_i} = 1 + \frac{R_F}{R_i}$$

当 $R_F = 0$ 或 $R_i = \infty$ 时,$A_f = 1$,这种电路称为电压跟随器。

(2)求和运算电路的输出量反映多个模拟输入量相加的结果。用运算电路实现求和运算时,可以采用反相输入方式,也可以采用同相输入或双端输入的方式,下面列出它们的计算公式。

反相求和电路:
$$U_o = -\frac{R_F}{R_1} \cdot U_{i1} - \frac{R_F}{R_2} \cdot U_{i2}$$

若 $R_1 = R_2$,则
$$U_o = -\frac{R_F}{R_1}(U_{i1} + U_{i2})$$

双端输入求和电路:
$$U_o = \left(1 + \frac{R_F}{R_1}\right)\frac{R_3}{R_2 + R_3}U_{i2} - \frac{R_F}{R_1} \cdot U_{i1}$$

34.3 实验设备
(1)数字万用表。
(2)示波器。
(3)信号发生器。
(4)模拟电子技术实验箱。

34.4 实验内容
1. 电压跟随器
实验电路如图 34.1 所示。

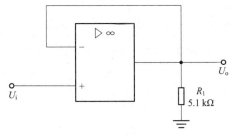

图 34.1 电压跟随器实验电路

按表 34.1 内容实验并测量记录。

表 34.1　电压跟随器实验数据

U_i/V		-2	-0.5	0	0.5	1
U_o/V	$R_L = \infty$					
	$R_L = 5.1$ kΩ					

2. 反相比例运算电路

实验电路如图 34.2 所示。按表 34.2 内容实验测量并记录。

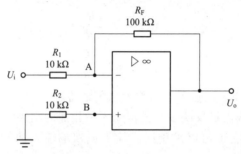

图 34.2　反相比例运算电路

表 34.2　反相比例运算电路实验数据

直流输入电压 U_i/mV		30	100	300	1 000	3 000
输出电压 U_o	理论估算/mV					
	实测值/mV					
	误差					

3. 同相比例运算电路

实验电路如图 34.3 所示。按表 34.3 内容实验测量并记录。

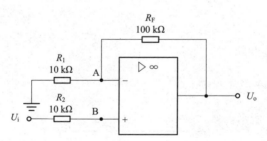

图 34.3　同相比例运算电路

表 34.3　同相比例运算电路实验数据

直流输入电压 U_i/mV		30	100	300	1 000	3 000
输出电压 U_o	理论估算/mV					
	实测值/mV					
	误差					

4. 反相求和电路

实验电路如图 34.4 所示。按表 34.4 内容进行实验测量并记录。

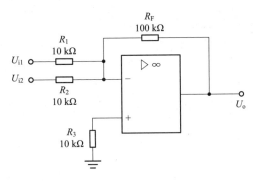

图 34.4 反相求和电路

表 34.4 反相求和电路实验数据

U_{i1}/V	0.3	−0.3
U_{i2}/V	0.2	0.2
U_o/V		

5. 双端输入求和电路

实验电路如图 34.5 所示。按表 34.5 内容进行实验测量并记录。

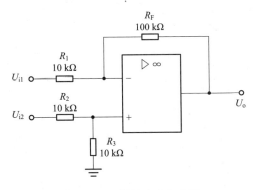

图 34.5 双端输入求和电路

表 34.5 双端输入求和电路实验数据

U_{i1}/V	1	2	0.2
U_{i2}/V	0.5	1.8	−0.2
U_o/V			

34.5 思考题

（1）估算表 34.2 中的理论值。

（2）估算表 34.3 中的理论值。

(3)计算表 34.4 中的 U_o 值。

(4)计算表 34.5 中的 U_o 值。

34.6　实验报告

(1)总结本实验中五种运算电路的特点及性能。

(2)分析理论计算与实验结果误差的原因。

实验 35　积分与微分电路测试

35.1　实验目的

(1)学会用运算放大器组成积分、微分电路。

(2)掌握积分、微分电路的特点及性能。

35.2　实验原理

(1)积分电路是模拟计算机中的基本单元。利用它可以实现对微分方程的模拟,同时它也是控制和测量系统中的重要单元。利用它的充、放电过程,可以实现延时、定时以及产生各种波形。

图 35.1 所示为积分电路。它和反相比例运算电路的不同之处是用 C 代替反馈电阻 R_F。由"虚地"的概念可知

$$i_i = \frac{u_i}{R}$$

$$u_o = -u_C = -\frac{1}{C}\int i_C \mathrm{d}t = -\frac{1}{RC}\int u_i \mathrm{d}t$$

即输出电压与输入电压成积分关系。

(2)微分电路是积分运算的逆运算。图 35.2 所示为微分电路,微分电路与积分电路的区别在于电容 C 的位置不同。利用"虚地"的概念则有:

$$u_o = -i_R \cdot R = -i_C \cdot R = -RC\frac{\mathrm{d}u_C}{\mathrm{d}t} = -RC\frac{\mathrm{d}u_i}{\mathrm{d}t}$$

即输出电压是输入电压的微分。

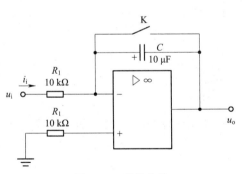

图 35.1　积分电路

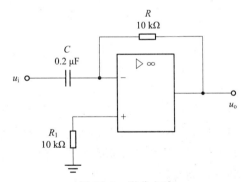

图 35.2　微分电路

35.3　实验设备

(1)数字万用表。

(2)信号发生器。

(3)双踪示波器。

(4)模拟电子技术实验箱。

35.4 实验内容

1. 积分电路

实验电路如图 35.1 所示。

(1)取 $U_i = -1$ V,断开开关 K(开关 K 用一连线代替,拔出连线一端作为断开),用示波器观察 u_o 变化。

(2)测量饱和输出电压及有效积分时间。

(3)使图 35.1 中积分电容改为 0.1 μF,断开 K,u_i 分别输入 $f = 100$ Hz、幅值为 2 V 的方波和正弦波信号,观察 u_i 和 u_o 大小及相位关系,并记录波形。

(4)改变图 35.1 所示电路 u_i 频率,观察 u_i 与 u_o 的相位、幅值关系。

2. 微分电路

实验电路如图 35.2 所示。

(1)输入正弦波信号 $f = 100$ Hz、有效值为 1 V,用示波器观察 u_i 与 u_o 波形并测量输出电压。

(2)改变正弦波频率(20～400 Hz),观察 u_i 与 u_o 的相位、幅值变化情况并记录。

(3)输入 $f = 200$ Hz,$U = \pm 5$ V 的方波信号,用示波器观察 u_o 波形,按上述步骤重复实验。

3. 积分–微分电路

实验电路如图 35.3 所示。

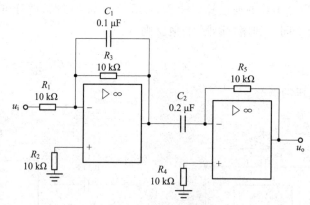

图 35.3 积分–微分电路

(1)在 u_i 输入 $f = 200$ Hz,$U = \pm 6$ V 的方波信号,用示波器观察 u_i 和 u_o 的波形并记录。

(2)将 f 改为 500 Hz,重复上述实验。

35.5 思考题

(1)分析图 35.1 所示电路,若输入正弦波,u_o 与 u_i 相位差是多少? 当输入信号为 100 Hz,有效值为 2 V 时,输出 u_o 是多少?

(2)分析图 35.2 所示电路,若输入方波,u_o 与 u_i 相位差是多少? 当输入信号为 100 Hz,幅值为 1 V 时,输出 u_o 是多少?

35.6 实验报告

(1)整理实验中的数据及波形,总结积分、微分电路的特点。

(2)分析实验结果与理论计算的误差原因。

实验 36　波形发生电路测试

36.1　实验目的

（1）掌握波形发生电路的特点和分析方法。

（2）熟悉波形发生器的设计方法。

36.2　实验原理

在自动化设备和系统中,经常需要进行性能的测试和信息的传送,这些都离不开一定的波形作为测试和传送的依据,在模拟系统中,常用的波形有正弦波、方波和锯齿波等。

当集成运放应用于上述不同类型的波形时,其工作状态并不相同。本实验研究的方波、三角波、锯齿波的电路,实质上是脉冲电路,它们大都工作在非线性区域。常用于脉冲和数字系统中作为信号源。

1. 方波发生电路

方波发生电路如图 36.1 所示。该电路由集成运放与 R_1、R_2 及一个滞回比较器和一个充放电回路组成。稳压管和 R_3 的作用是钳位,将滞回比较器的输出电压限制在稳压管的稳定电压值 $\pm U_Z$。

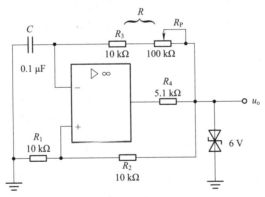

图 36.1　方波发生电路

滞回比较器的输出只有两种可能的状态,高电平或低电平。滞回比较器的两种不同的输出电平使 RC 电路进行充电或放电,于是电容上的电压将升高或降低,而电容上的电压又作为滞回比较器的输入电压,控制其输出端状态发生跳变,从而使 RC 电路由充电过程变为放电过程或相反。如此循环往复,周而复始,最后在滞回比较器的输出端即可得到一个高低电平周期性交替的矩形波即方波。

$$T = 2R_3 C \ln\left(1 + \frac{2R_1}{R_2}\right)$$

2. 三角波发生电路

三角波发生电路如图 36.2 所示。电路由集成运放 A_1 组成滞回比较器,A_2 组成积分电路,滞回比较器输出的矩形波加在积分电路的反相输入端,而积分电路输出的三角波又接到滞回比较器的同相输入端,控制滞回比较器输出端的状态发生跳变,从而在 A_2 的输出端得到周期性的三角波。调节 R_1、R_2 可使幅度达到规定值,而调节 R_4 可使振荡满足要求。

$$T = \frac{4R_P R_3 C}{R_2}$$

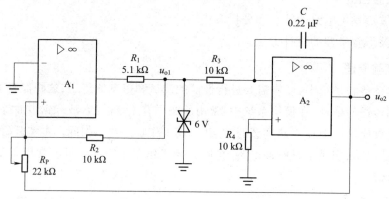

图 36.2　三角波发生电路

3. 锯齿波发生电路

在示波器的扫描电路以及数字电压表等电路中常常使用锯齿波。图 36.3 所示为锯齿波发生电路,它在原三角波发生电路的基础上,用二极管 D_1、D_2 和电位器 R_P 代替原来的积分电阻,使积分电容的充电和放电回路分开,即成为锯齿波发生电路。

$$T = \frac{2R_1 R_P C}{R_2}$$

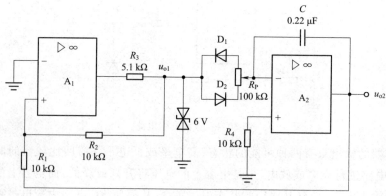

图 36.3　锯齿波发生电路

36.3　实验设备

(1)双踪示波器。

(2)数字万用表。

(3)模拟电子技术实验箱。

36.4　实验内容

1. 方波发生电路

实验电路如图 36.1 所示,双向稳压管稳压值一般为 5 ~ 6 V。

(1)按电路图接线,观察 u_C、u_o 波形及频率,与思考题(1)的结果进行比较。

(2)分别测出 $R=10\ \text{k}\Omega$、110 kΩ 时的频率、输出幅值,与思考题(2)的结果进行比较。

(3)要想获得更低的频率应如何选择电路参数? 试利用实验箱上给出的元器件进行实验并观测之。

2. 三角波发生电路

实验电路如图 36.2 所示。

(1)按图 36.2 接线,分别观测 u_{o1} 及 u_{o2} 的波形并记录。

(2)如何改变输出波形的频率? 按思考题(3)设计的方案分别实验并记录。

3. 锯齿波发生电路

实验电路如图 36.3 所示。

(1)按图 36.3 接线,观测电路输出波形和频率。

(2)按思考题(4)设计的方案改变锯齿波频率并测量变化范围。

4. 占空比可调的矩形波发生电路

实验电路如图 36.4 所示。

(1)按图 36.4 接线,观测并测量电路的振荡频率、幅值及占空比。

(2)若要使占空比更大,应如何选择电路参数? 试用实验验证。

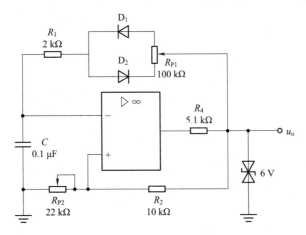

图 36.4　占空比可调的矩形波发生电路

36.5　思考题

(1)分析图 36.1 电路的工作原理,定性画出 u_o 和 u_C 波形。

(2)若图 36.1 所示电路中 $R=10\ \text{k}\Omega$,计算 u_o 的频率。

(3)在图 36.2 所示电路中,如何改变输出频率? 设计两种方案并画图表示。

(4)在图 36.3 所示电路中,如何连续改变振荡频率? 画出电路图。(利用实验箱上的元器件。)

(5)图 36.4 所示电路如何使输出波形占空比变大? 利用实验箱上所标元器件画出原理图。

36.6　实验报告

（1）画出各实验的波形图。

（2）画出各实验思考题中设计方案的电路图。写出实验步骤及结果。

（3）总结波形发生电路的特点，并回答：

①波形发生电路需要调零吗？

②波形发生电路有没有输入端。

实验 37　有源滤波器测试

37.1　实验目的

(1)熟悉有源滤波器的构成及其特性。

(2)学会测量有源滤波器幅频特性。

37.2　实验原理

滤波器是一种能使某一部分频率比较顺利地通过而另一部分频率受到较大衰减的装置。常用在信息的处理、数据的传送和干扰的抑制等方面。

1. 低通滤波器

本实验的低通滤波电路(见图 37.1)为二阶有源滤波电路。

注意: 电路中第一级的电容接到了输出端,相当于电路中引入反馈,目的是为了让输出电压在高频段迅速下降,而在接近截止频率 ω_0 的范围内输出电压又不致下降过多,从而有利于改善滤波特性。

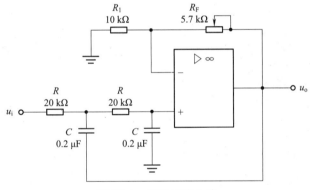

图 37.1　低通滤波电路

2. 高通滤波器

将低通滤波电路中起滤波作用的 R、C 互换位置,即可变成高通滤波电路,如图 37.2 所示。高通滤波电路的频率响应和低通滤波是"镜像"关系。

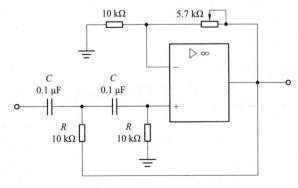

图 37.2　高通滤波电路

3. 带阻滤波器

带阻滤波器是在规定的频带内,信号不能通过(或受到很大衰减)而在其余频率范围,信号则能顺利通过。

将低通滤波器和高通滤波器进行组合,即可获得带阻滤波器,如图 37.3 所示。

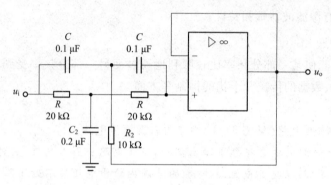

图 37.3　带阻滤波电路

37.3　实验设备

(1)双踪示波器。

(2)函数信号发生器。

(3)模拟电子技术实验箱。

37.4　实验内容

1. 低通滤波器

实验电路如图 37.1 所示。其中反馈电阻 R_F 选用 10 kΩ 电位器,5.7 kΩ 为设定值。

按表 37.1 内容测量并记录。

表 37.1　低通滤波器实验数据

u_i/V	1	1	1	1	1	1	1	1	1	1
f/Hz	5	10	15	30	60	100	150	200	300	400
u_o/V										

2. 高通滤波器

实验电路如图 37.2 所示。

按表 37.2 内容测量并记录。

表 37.2　高通滤波器实验数据

u_i/V	1	1	1	1	1	1	1	1	1
f/Hz	10	16	50	100	130	160	200	300	400
u_o/V									

3. 带阻滤波器

实验电路如图 37.3 所示。

(1)实测电路中心频率。

(2)以实测中心频率为中心,测出电路幅频特性。

37.5 思考题

(1)分析图 37.1～图 37.3 所示电路,写出它们的增益特性表达式。

(2)计算图 37.1、图 37.2 所示电路的截止频率及图 37.3 所示电路的中心频率。

(3)画出图 37.1～图 37.3 所示电路的幅频特性曲线。

37.6 实验报告

(1)整理实验数据,画出各电路幅频特性曲线,并与计算值对比,分析误差。

(2)如何组成带通滤波器?试设计一中心频率为 300 Hz、带宽为 200 Hz 的带通滤波器。

实验38　电压比较器测试

38.1　实验目的

(1)掌握电压比较器的电路构成及特点。

(2)学会电压比较器的测试方法。

38.2　实验原理

电压比较就是将一个模拟量的电压信号去和一个参考电压相比较,在二者幅度相等的附近,输出电压将产生跃变,通常用于越限报警、模/数转换和波形变换等场合。

1. 过零比较器

图38.1所示为反相输入方法的过零比较器。利用两个背靠背的稳压管实现限幅。集成运放处于开环工作状态,由于理想运放的开环差模增益$A_{od} = \infty$,因此,当$u_i < 0$时,$u_o = + U_{OPP}$(为最大输出电压) $> U_Z$,导致上稳压管正向导通、下稳压管反向击穿,$u_o = + U_Z = +6$ V。

当$u_i > 0$时,$u_o = - U_{OPP}$,导致上稳压管反向击穿、下稳压管正向导通,$u_o = - U_Z = -6$ V。其传输特性如图38.2所示。

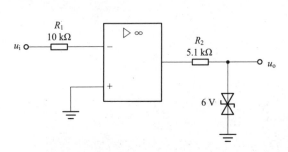

图38.1　过零比较器

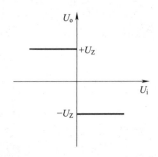

图38.2　过零比较器传输特性

2. 反相滞回比较器

如图38.3所示,同相输入端的电位为

$$u_+ = \frac{R_2}{R_2 + R_F} U_Z$$

若原来的$u_o = + U_Z$,当u_i逐渐增大时,使u_o从$+ U_Z$跳变到$- U_Z$所需的门限电平用U_{T+}表示,$U_{T+} = \frac{R_2}{R_2 + R_F} U_Z$。

若原来的$u_o = - U_Z$,当u_i逐渐减小时,使u_o从$- U_Z$跳变到$+ U_Z$所需的门限电平用U_{T-}表示,$U_{T-} = -\frac{R_2}{R_2 + R_F} U_Z$。

上述两个门限电平之差称为门限宽度回差,用ΔU_T表示,即

$$\Delta U_T = U_{T+} - U_{T-} = \frac{2 R_2}{R_2 + R_F} U_Z$$

门限宽度 ΔU_T 的值取决于 U_Z 及 R_2、R_F 的值。

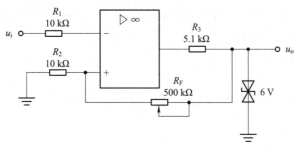

图 38.3　反相滞回比较器

3. 同相滞回比较器

如图 38.4 所示,由于 $u_+ = u_- = 0$　利用叠加原理可得

$$u_+ = \frac{R_F}{R_1 + R_F}U_i + \frac{R_1}{R_1 + R_F}U_o = 0$$

$$U_i = -\frac{R_1}{R_F}U_o$$

U_i 即为阈值

$$U_{T+} = \frac{R_1}{R_F}U_Z \qquad U_{T-} = -\frac{R_1}{R_F}U_Z$$

则 $\Delta U_T = U_{T+} - U_{T-} = 2\dfrac{R_1}{R_F}U_Z$。滞回曲线如图 38.5 所示。

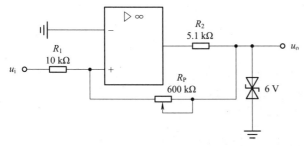
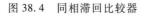

图 38.4　同相滞回比较器

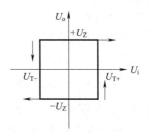

图 38.5　同相输入滞回比较器滞回曲线

38.3　实验设备

(1)双踪示波器。

(2)函数信号发生器。

(3)数字万用表。

(4)模拟电子技术实验箱。

38.4　实验内容

1. 过零比较器

实验电路如图 38.1 所示。

（1）按图 38.1 接线，u_i 悬空时测 u_o 电压。

（2）u_i 输入 $f = 500$ Hz，有效值为 1 V 的正弦波，观察 $u_i - u_o$ 波形并记录。

（3）改变 u_i 幅值，观察 u_o 的变化。

2. 反相滞回比较器

实验电路如图 38.3 所示。

（1）按图 38.3 接线，并将 R_F 调为 100 kΩ，u_i 接直流电压源，测出 u_o 由 $+U_{om} \rightarrow -U_{om}$ 时 u_i 的临界值。

（2）同上，u_o 由 $-U_{om} \rightarrow +U_{om}$。

（3）u_i 接 $f = 500$ Hz，有效值为 1 V 的正弦波，观察并记录 $u_i - u_o$ 波形并记录。

（4）将电路中 R_F 调为 200 kΩ，重复上述实验。

3. 同相滞回比较器

实验电路如图 38.4 所示。

（1）参照反相滞回比较器实验，自拟实验步骤及方法。

（2）将结果与反相滞回比较器相比较。

38.5　思考题

（1）分析图 38.1 所示电路，弄清以下问题：

①比较器是否要调零？原因何在？

②比较器两个输入端电阻是否要求对称？为什么？

③集成运放两个输入端电位差如何估计？

（2）分析图 38.3 所示电路，计算：

①使 u_o 由 $+U_{om}$ 变为 $-U_{om}$ 的 u_i 临界值。

②使 u_o 由 $-U_{om}$ 变为 $+U_{om}$ 的 u_i 临界值。

③若由 u_i 输入有效值为 1 V 正弦波，试画出 $u_i - u_o$ 波形图。

（3）分析图 38.4 所示电路，重复思考题（2）的各步骤。

38.6　实验报告

（1）整理实验数据及波形图，并与思考题中计算值相比较。

（2）总结几种电压比较器的特点。

实验 39　集成电路 RC 正弦波振荡器测试

39.1　实验目的

（1）掌握桥式 RC 正弦波振荡器的电路构成及工作原理。

（2）熟悉正弦波振荡器的调整、测试方法。

（3）观察 RC 参数对振荡频率的影响,学习振荡频率的测定方法。

39.2　实验原理

文氏电桥正弦波振荡器电路如图 39.1 所示。RC 串并联选频网络可简化为图 39.2 所示结构。

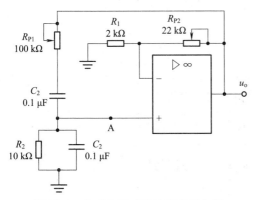

图 39.1　文氏电桥正弦波振荡器电路

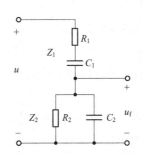

图 39.2　RC 串并联选频网络

其频率特性表达式为

$$\dot{F} = \frac{\dot{U}_f}{\dot{U}} = \frac{Z_2}{Z_1 + Z_2} = \frac{\dfrac{R_2}{1 + j\omega R_2 C_2}}{R_1 + \dfrac{1}{j\omega C_1} + \dfrac{R_2}{1 + j\omega R_2 C_2}} = \frac{1}{\left(1 + \dfrac{R_1}{R_2} + \dfrac{C_2}{C_1}\right) + j\left(\omega C_2 R_1 - \dfrac{1}{\omega C_1 R_2}\right)}$$

为了调节振荡频率的方便,通常使 $R_1 = R_2 = R$, $C_1 = C_2 = C$,令 $\omega_0 = \dfrac{1}{RC}$。

则上式可简化为

$$\dot{F} = \frac{1}{3 + j\left(\dfrac{\omega}{\omega_0} - \dfrac{\omega_0}{\omega}\right)}$$

幅频特性为

$$|\dot{F}| = \frac{1}{\sqrt{3^2 + \left(\dfrac{\omega}{\omega_0} - \dfrac{\omega_0}{\omega}\right)^2}}$$

相频特性为

$$\varphi_f = -\arctan\left[\frac{\left(\dfrac{\omega}{\omega_0} - \dfrac{\omega_0}{\omega}\right)}{3}\right]$$

当 $\omega = \omega_0 = \dfrac{1}{RC}$ 时,$|\dot{F}|_{max} = \dfrac{1}{3}$,$\varphi_f = 0$

就是说,当 $f = f_0 = \dfrac{1}{2\pi RC}$ 时,u_f 的幅值达到最大,等于 u 幅值的 $1/3$,同时 u_f 与 u 同相。

其起振条件:必须使 $|\dot{A}\dot{F}| > 1$,因此文氏振荡电路的起振条件为 $\left|\dot{A}\cdot\dfrac{1}{3}\right| > 1$,

即 $$|\dot{A}| > 3$$

因同相比例运算电路的电压放大倍数 $A_{uf} = 1 + R_f/R_1$,因此实际振荡电路中负反馈支路的参数应满足以下关系 $R_f > 2R_1$。

39.3 实验设备

(1)双踪示波器。

(2)函数信号发生器。

(3)频率计。

(4)模拟电子技术实验箱。

39.4 实验内容

(1)按图 39.1 接线。注意电阻 $R_{P1} = R_1$ 需预先调好再接入。

(2)用示波器观察输出波形。

思考:

①若元件完好,接线正确,电源电压正常,而 $u_o = 0$,原因何在? 应该怎么办?

②有输出但出现明显失真,应如何解决?

(3)用频率计测量上述电路输出频率。

(4)改变振荡频率:在实验箱上设法使文氏桥电阻 $R = 30\ \text{k}\Omega$,先将 R_{P1} 调到 $30\ \text{k}\Omega$,然后在 R_1 与地端串入一个 $20\ \text{k}\Omega$ 电阻即可。

注意:改变参数前,必须先关断实验箱电源开关,检查无误后再接通电源。测 f_0 之前,应适当调节 R_{P2} 使 u_o 无明显失真后,再测频率。

(5)测定运算放大器放大电路的闭环电压放大倍数 A_{uf}。先测出图 39.1 电路输出电压 U_o 后,关断实验箱电源,保持 R_{P2} 不变,断开图 39.1 中"A"点接线,调节信号发生器频率为 f_0,把低频信号发生器的输出电压接至一个 $22\ \text{k}\Omega$ 的电位器上,再从这个 $22\ \text{k}\Omega$ 电位器的滑动接点取 u_i 接至集成运放同相输入端。如图 39.3 所示,调节 U_i 使 U_o 等于原值。测出此时的 U_i 值。则:

$$A_{uf} = U_o/U_i = \underline{\hspace{3cm}} \text{倍}$$

(6)自拟详细步骤,测定 RC 串并联网络的幅频特性曲线。

39.5 思考题

(1)图 39.1 中,正反馈支路是由 _____ 组成的,这个网络具有 _____ 特性,要改变振荡频率,只要改变 _____ 或 _____ 的数值即可。

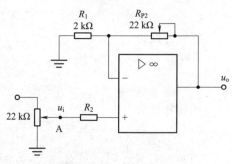

图 39.3 测定放大电路放大倍数

（2）图 39.1 中，R_{P2} 和 R_1 组成_____反馈电路，其中_____是用来调节放大器的放大倍数，使 $A_u \geq 3$ 的。

39.6　实验报告

（1）电路中哪些参数与振荡频率有关？将振荡频率的实测值与理论估算值比较，分析产生误差的原因。

（2）总结改变负反馈深度对振荡器起振的幅值条件及输出波形的影响。

（3）画出 RC 串并联网络的幅频特性曲线。

实验 40 　互补对称功率放大器测试

40.1 　实验目的

（1）进一步理解互补对称（OTL）功率放大器的工作原理。

（2）学会互补对称（OTL）电路的调试及主要性能指标的测试方法。

40.2 　实验原理

图 40.1 所示为互补对称（OTL）低频功率放大器。

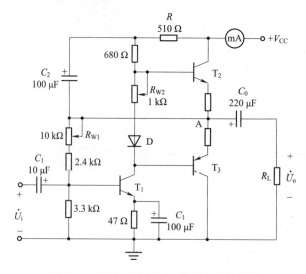

图 40.1 　互补对称（OTL）低频功率放大器

其中由晶体管 T_1 组成推动级（又称前置放大级），T_2、T_3 是一对参数对称的 NPN 和 PNP 型晶体管，它们组成互补推挽 OTL 功放电路。由于每一个晶体管都接成射极输出器形式，因此具有输出电阻低，负载能力强等优点，适合作为功率输出级。T_1 工作于甲类状态，它的集电极电流 I_{C1} 由电位器 R_{W1} 进行调节。I_{C1} 的一部分流经电位器 R_{W2} 及二极管 D，给 T_2、T_3 提供偏压。调节 R_{W2}，可以使 T_2、T_3 得到合适的静态电流而工作于甲、乙类状态，以克服交越失真。静态时要求输出端中点 A 的电位 $U_A = \frac{1}{2}V_{CC}$，可以通过调节 R_{W1} 来实现。电路中引入交、直流电压并联负反馈，一方面能够稳定放大器的静态工作点，同时也改善了非线性失真。

当输入正弦交流信号 u_i 时，经 T_1 放大、倒相后同时作用于 T_2、T_3 的基极，u_i 的负半周使 T_2 导通（T_3 截止），有电流通过负载 R_L，同时向电容 C_0 充电，在 u_i 的正半周，T_3 导通（T_2 截止），则已充好电的电容器 C_0 起着电源的作用，通过负载 R_L 放电，这样在 R_L 上就得到完整的正弦波。

C_2 和 R 构成自举电路，用于提高输出电压正半周的幅度，以得到大的动态范围。

OTL 电路的主要性能指标：

1）最大不失真输出功率 P_{om}

在实验中可通过测量 R_L 两端的电压有效值，来求得实际的 $P_{om} = \dfrac{U_{om}^2}{R_L}$。

2）效率 η

$$\eta = \frac{P_{om}}{P_E} \times 100\%$$

式中：P_E——直流电源供给的平均功率。

理想情况下，$\eta_{max} = 78.5\%$。在实验中，可测量电源供给的平均电流 I_{dc}，从而求得 $P_E = V_{CC}I_{dc}$，负载上的交流功率已用上述方法求出，因而也就可以计算实际效率了。

3）输入灵敏度

输入灵敏度是指输出最大不失真功率时，输入信号 U_i 的值。

40.3　实验设备

（1）直流稳压电源。

（2）函数信号发生器。

（3）双踪示波器。

（4）交流毫伏表。

（5）直流电压表。

（6）直流毫安表。

（7）频率计。

（8）模拟电子技术实验箱。

40.4　实验内容

在整个测试过程中，电路不应有自激现象。

1. 静态工作点的测试

按图 40.1 连接实验电路，将输入信号旋钮旋至零（$u_i = 0$），电源进线中串入直流毫安表，电位器 R_{W2} 置最小值，R_{W1} 置中间位置。接通 +5 V 电源，观察毫安表指示，同时用手触摸输出级晶体管，若电流过大，或晶体管温升显著，应立即断开电源检查原因（如 R_{W2} 开路、电路自激，或输出管性能不好等）。如无异常现象，可以开始调试。

1）调节输出端中点电位 U_A

调节电位器 R_{W1}，用直流电压表测量 A 点电位，使 $U_A = \frac{1}{2}V_{CC}$。

2）调整输出级静态电流及测试各级静态工作点

调节 R_{W2}，使 T_2、T_3 的 $I_{C2} = I_{C3} = 5 \sim 10$ mA。从减小交越失真的角度而言，应适当加大输出级静态电流，但该电流过大，会使效率降低，所以一般以 $5 \sim 10$ mA 为宜。

输出级电流调好以后，测量各级静态工作点，记入表 40.1 中。

表 40.1　各级静态工作点（$I_{C2} = I_{C3} = $　mA　$U_A = 2.5$ V）

项目	T_1	T_2	T_3
U_B/V			
U_C/V			

项目	T_1	T_2	T_3
U_E/V			

注意:(1)在调整 R_{W2} 时,一是要注意旋转方向,不要调得过大,更不能开路,以免损坏输出管。

(2)输出管静态电流调好,如无特殊情况,不得随意旋动 R_{W2} 的位置。

2. 最大输出功率 P_{om} 和效率 η 的测试

1)测量 P_{om}

输入端接 $f=1$ kHz 的正弦信号 u_i,输出端用示波器观察输出电压 u_o 波形。逐渐增大 u_i,使输出电压达到最大不失真输出,用交流毫伏表测出负载 R_L 上的电压 U_{om},则 $P_{om} = \dfrac{U_{om}^2}{R_L}$。

2)测量 η

当输出电压为最大不失真输出时,读出直流毫安表中的电流值,此电流即为直流电源供给的平均电流 I_{dc}(有一定误差),由此可近似求得 $P_E = U_{CC} I_{dc}$,再根据上面测得的 P_{om},即可求出 $\eta = \dfrac{P_{om}}{P_E} \times 100\%$。

3. 输入灵敏度测试

根据输入灵敏度的定义,只要测出输出功率 $P_o = P_{om}$ 时的输入电压值 U_i 即可。

4. 研究自举电路的作用

(1)测量有自举电路,且 $P_o = P_{omax}$ 时的电压增益 $A_u = \dfrac{U_{om}}{U_i}$。

(2)将 C_2 开路,R 短路(无自举),再测量 $P_o = P_{omax}$ 的 A_u。

用示波器观察(1)、(2)两种情况下的输出电压波形,并将以上两项测量结果进行比较,分析研究自举电路的作用。

5. 噪声电压的测试

测量时将输入端短路($u_i = 0$),观察输出噪声波形,并用交流毫伏表测量输出电压,即为噪声电压 U_N,本电路若 $U_N < 15$ mV,即满足要求。

6. 试听

输入信号改为录音机输出,输出端接试听音箱及示波器。开机试听,并观察语言和音乐信号的输出波形。

40.5 思考题

(1)为什么引入自举电路能够扩大输出电压的动态范围?

(2)交越失真产生的原因是什么?怎样克服交越失真?

(3)电路中电位器 R_{W2} 如果开路或短路,对电路工作有何影响?

(4)为了不损坏输出管,调试中应注意什么问题?

（5）如电路有自激现象,应如何消除？

40.6 实验报告

（1）整理实验数据,计算静态工作点、最大不失真输出功率 P_{om}、效率 η 等,并与理论值进行比较。画出频率响应曲线。

（2）分析自举电路的作用。

（3）讨论实验中发生的问题及解决办法。

实验 41　集成功率放大器测试

41.1　实验目的

(1)熟悉集成功率放大器的特点。

(2)掌握集成功率放大器的主要性能指标及测量方法。

41.2　实验原理

LM386 内部电路输入级为共集-共射组合差分放大电路。中间级共发射极放大器的激励级对电压进行放大,互补推挽电路作为功率输出级。

在整个放大器中存在负反馈电路。在深度负反馈条件下,放大器的电压增益 $A_{uf} \approx 100$,负反馈不仅稳定了电压增益,还有效地减小了非线性失真。

41.3　实验设备

(1)双踪示波器。

(2)函数信号发生器。

(3)数字万用表。

(4)模拟电子技术实验箱。

41.4　实验内容

(1)图 41.1 所示电路为实验电路。先不加信号,测量静态工作电流。

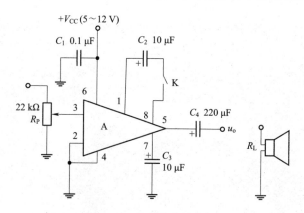

图 41.1　集成功率放大器

(2)在输入端接 1 kHz 信号,用示波器观察输出波形,逐渐增加输入电压幅度,直至出现失真为止,记录此时输入电压及输出电压幅值,并记录波形。

(3)去掉 10 μF 电容,重复上述实验。

(4)改变电源电压(选 5 V、9 V 两挡)重复上述实验。

41.5　思考题

(1)复习集成功率放大器工作原理,对照图 41.1 分析电路的工作原理。

(2)在图 41.1 所示电路中,若 $V_{CC} = 12$ V,$R_L = 8$ Ω,估算该电路的 P_{om}、P_E 值。

41.6　实验报告

（1）根据实验测量值，计算各种情况下 P_{om}、P_E 及 η。

（2）画出电源电压与输出电压、输出功率的关系曲线。

实验 42　整流滤波与并联稳压电路测试

42.1　实验目的

(1)熟悉单相半波、全波、桥式整流电路。

(2)观察并了解电容滤波的作用。

(3)了解并联稳压电路。

42.2　实验原理

直流电路是利用二极管的单向导电性,将平均值为零的交流电变换为平均值不为零的脉动直流电。

1. 半波整流

图 42.1 所示电路为带有纯阻负载的单相半波整流电路,当变压器二次电压为正时,二极管正向导通,电流经过二极管流向负载,在负载上得到一个极性为上正下负的电压,而当为负的半个周期内,二极管反偏,电流基本上等于零。所以,在负载电阻两端得到的电压极性是单方向的。

半波整流以后,输入、输出的关系为 $U_o = 0.45\,U_2$。

2. 桥式整流

图 42.2 所示电路为桥式整流电路。整流过程中,四个二极管两两轮流导通,因此正、负半周内都有电流流过 R_L,从而使输出电压的直流成分提高,脉动系数降低。在 u_2 的正半周内,D_2、D_3 导通,D_1、D_4 截止;负半周时,D_1、D_4 导通,D_2、D_3 截止,但是无论在正半周或负半周,流过 R_L 的电流方向是一致的。

桥式整流以后,输入、输出的关系为 $U_o = 0.9\,U_2$。

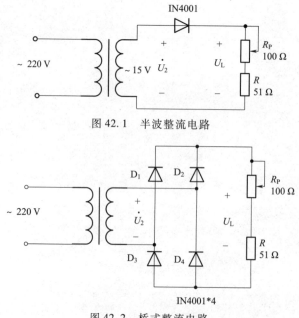

图 42.1　半波整流电路

图 42.2　桥式整流电路

3. 电容滤波

在整流电路的输出端并联一个容量很大的电容器,就是电容滤波电路。加入滤波电容后,整流电路的负载具有电容性质,电路的工作状态完全不同于纯电阻的情况。

在图 42.3 中,接通电源后,当 u_2 为正半周时,D_2、D_3 导通,u_2 通过 D_2、D_3 向电容 C 充电;u_2 为负半周时,D_1、D_4 导通,u_2 经 D_1、D_4 向电容 C 充电,充电过程中,电容两端电压 u_C 逐渐上升,使得 $U_C = \sqrt{2}U_2$,接入 R_L 后,电容 C 通过 R_L 放电,故电容两端的电压 u_C 缓慢下降,因此,电源 u_2 按正弦规律上升;当 $U_2 > U_C$ 时,二极管 D_2、D_3 受正向电压而导通,此时,u_2 经 D_2、D_3 一方面向 R_L 提供电流,另一方面向电容 C 充电,当 U_C 随 u_2 升高到 $\sqrt{2}U_2$,然后由于 u_2 按正弦规律下降,当 $U_2 < U_C$ 时,二极管又受反向电压而截止,电容 C 再次经负载 R_L 放电,电容 C 如此周而复始地充放电,负载上便得到一滤波后的锯齿波电压 U_C,使负载电压的波动减少了,如图 42.4 所示。

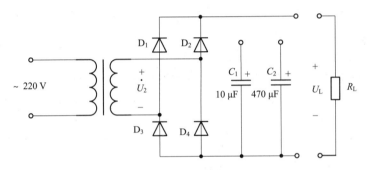

图 42.3　电容滤波电路

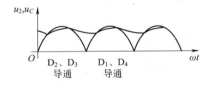

图 42.4　电容滤波波形图

4. 并联稳压电路

图 42.5 为并联稳压电路,稳压管作为一个二极管处于反向接法,R 作为限流电阻,用来调节当输入电压波动时,使输出电压基本不变。

电路的稳压原理如下:

(1)假设稳压电路的输入电压 U_i 保持不变,当负载电阻 R_L(R_P 和 R_1)减小,I_L 增大时,由于电流在电阻 R 上的压降升高,输出电压 U_L 将下降,而稳压管并联在输出端,由

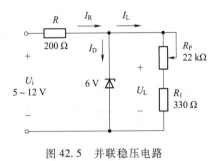

图 42.5　并联稳压电路

其伏安特性可见,当稳压管两端电压略有下降,流经它上面的电流将急剧减小,亦即由 I_Z 的减小来补偿 I_L 的增大,最终使 I_R 保持基本不变,使输出电压随之上升,但此时稳压管的电流 I_Z 急剧增加,则电阻 R 上的压降增大,以此来抵消 U_i 的升高,从而使输出电压保持不变,上述过程

可简明表示为

$$R_L \downarrow \rightarrow I_L \uparrow \rightarrow I_R \uparrow \rightarrow U_o \downarrow \rightarrow I_Z \downarrow \rightarrow I_R \downarrow \rightarrow U_o \uparrow$$

（2）假设负载电阻保持不变，由于电网电压升高而使 U_i 升高时，输出电压 U_o 也将随之上升，但此时稳压管的电流 I_Z 急剧增加，则电阻 R 上的压降增大，以此来抵消 U_i 的升高，从而使输出电压保持不变，上述过程可简明表示为

$$U_i \uparrow \rightarrow U_o \uparrow \rightarrow I_Z \uparrow \rightarrow I_R \uparrow \rightarrow U_R \uparrow \rightarrow U_o \downarrow$$

42.3 实验设备

（1）双踪示波器。

（2）数字万用表。

（3）模拟电子技术实验箱。

42.4 实验内容

1. 半波整流、桥式整流电路

实验电路分别如图 42.1 和图 42.2 所示。

分别连接两种电路，用示波器观察 U_2 及 U_L 的波形并测量 U_2、U_L。

2. 电容滤波电路

实验电路如图 42.3 所示。

（1）分别用不同电容接入电路，R_L 先不接，用示波器观察波形。用电压表测 U_L 并记录。

（2）接上 R_L，先用 $R_L = 1 \text{ k}\Omega$ 重复上述实验并记录。

（3）再将 R_L 改为 150 Ω，重复上述实验并记录。

3. 并联稳压电路

实验电路如图 42.5 所示。

（1）电源输入电压不变，负载变化时电路的稳压性能。改变负载电阻 R_L（R_P 和 R_1）使负载电流 $I_L = 1 \text{ mA}$、5 mA、10 mA 分别测量 U_1、U_R、I_1、I_R，计算电源输出电阻。

（2）负载不变，电源电压变化时电路的稳压性能。用可调直流电源的电压变化模拟 220 V 电源电压的变化，电路接入前将可将电源调到 10 V，然后调到 8 V、9 V、11 V、12 V，按表 42.1 所示内容测量并填表，并计算稳压系数。

表 42.1　稳压性能实验数据

U_i	U_L/V	I_R/mA	I_L/A
10 V			
8 V			
9 V			
11 V			
12 V			

42.5 思考题

（1）半波整流和桥式整流的滤波电容的最高反向电压一致吗？

（2）并联稳压电路中电阻 R 如何选择？

（3）在桥式整流电路的实验中，能否用双踪示波器的两个通道同时观察 u_2 和 u_L 的波形。

42.6 实验报告

（1）整理实验数据并按实验内容计算。

（2）图 42.5 所示电路能输出电流最大为多少？为获得更大电流应如何选用电路元器件及参数？

实验 43　串联稳压电路测试

43.1　实验目的

(1)研究稳压电源的主要特性,掌握串联稳压电路的工作原理。

(2)学会稳压电源的调试及测量方法。

43.2　实验原理

图 43.1 所示为串联稳压电路。它包括四个环节:调压环节(T_1、T_2)、基准电压(R_3、D)、比较放大器(T_3)和采样电路(R_4、R_P、R_5)。

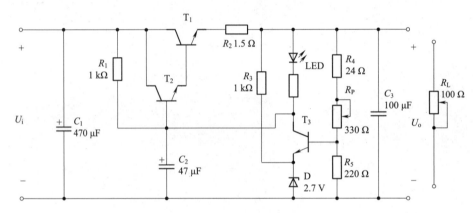

图 43.1　串联稳压电路

当电网或负载变动引起输出电压 u_o 变化时,采样电路取输出电压 u_o 的一部分送入比较放大器与基准电压进行比较,产生的误差电压经放大后去控制调整管的基极电流,自动地改变调整管的集电极-发射极间电压,补偿 u_o 的变化,以维持输出电压基本不变。

稳压电源的主要指标:

1. 特性指标

(1)输出电流 I_L(即额定负载电流)。它的最大值决定于调整管最大允许功耗 P_{CM} 和最大允许电流 I_{CM}。要求:$I_L(U_{imax} - U_{omin}) \leqslant P_{CM}$,$I_L \leqslant I_{CM}$。式中,$U_{imax}$ 是输入电压最大可能值;U_{omax} 是输出电压最小可能值。

(2)输出电压 U_o 和输出电压调节范围。在固定的基准电压条件下,改变采样电压比就可以调节输出电压。

2. 质量指标

(1)稳压系数 S。当负载和环境温度不变时,输出直流电压的相对变化量与输入直流电压的相对变化量之比值定义为 S,即

$$S = \frac{\Delta U_o / U_o}{\Delta U_i / U_i}$$

通常稳压电源的 S 为 $10^{-2} \sim 10^{-4}$。

（2）动态内阻 R_o。假设输入直流电压 U_i 及环境温度不变，由于负载电流 I_L 变化 ΔI_L 引起输出直流电压 U_o 相应变化 ΔU_o，两者的比值称为稳压电源的动态内阻，即

$$R_o = \frac{\Delta U_o}{\Delta I_L}$$

从上式可知，R_o 越小，则负载变化对输出直流电压的影响越小。一般稳压电路的 R_o 为 $10^{-2} \sim 10\ \Omega$。

（3）输出纹波电压。输出纹波电压是指 50 Hz 和 100 Hz 的交流分量，通常用有效值或峰-峰值来表示，即当输入电压 220 V 不变，在额定输出直流电压和额定输出电流的情况下测出的输出交流分量，经稳压作用可使整流滤波后的纹波电压大大降低，降低的倍数反比于稳压系数 S。

43.3 实验设备

（1）直流电压表。
（2）直流毫安表。
（3）双踪示波器。
（4）数字万用表。
（5）模拟电子技术实验箱。

43.4 实验内容

1. 静态测试

（1）看清楚实验电路板的接线，查清引线端子。
（2）按图 43.1 接线，负载 R_L 开路，即稳压电源空载。
（3）将 5 ~ 27 V 电源调到 9 V，接到 U_i 端，再调电位器 R_P，使 $U_o = 6$ V。测量各三极管的 Q 点。
（4）测试输出电压的调节范围。
调节 R_P，观察输出电压 U_o 的变化情况。记录 U_o 的最大值和最小值。

2. 动态测试

（1）测量电源稳压特性。使稳压电源处于空载状态，调可调电源电位器，模拟电网电压波动 ±10%，即 U_i 由 8 V 变到 10 V，测量相应的 ΔU_o，根据 $S = \frac{\Delta U_o / U_o}{\Delta U_i / U_i}$，计算稳压系数。

（2）测量稳压电源内阻。稳压电源的负载电流 I_L 由空载变化到额定值（100 mA）时，测量输电压 U_o 的变化量，即可求出电源内阻 $R_o = \frac{\Delta U_o}{\Delta I_L}$。测量过程中，使 $U_i = 9$ V 保持不变。

（3）测试输出的纹波电压。将整流滤波电路输出端接到图 43.1 所示电路输入端，在负载电流 $I_L = 100$ mA 的条件下，用示波器观察稳压电源输出中的交流分量 u_o，描绘其波形。用晶体管毫伏表，测量交流分量的大小。

3. 输出保护

（1）在电源输出端接上负载 R_L，同时串联电流表，并用电压表监视输出电压，逐渐减小 R_L 值，直到短路。

注意:LED 发光二极管逐渐变亮,记录此时的电压、电流值。

(2)逐渐加大 R_L 值,观察并记录输出电压、输出电流。

注意:此实验的短路时间应尽量短(不超过 5 s),以防元器件过热。

43.5　思考题

(1)估算图 43.1 所示电路中各晶体管的 Q 点。(设各管的 $\beta = 100$,电位器 R_P 滑动端处于中间位置。)

(2)分析图 43.1 所示电路,电阻 R_2 和发光二极管 LED 的作用是什么?

43.6　实验报告

(1)对静态测试及动态测试进行总结。

(2)计算稳压电源内阻 $R_o = \dfrac{\Delta U_o}{\Delta I_L}$,以及稳压系数 S。

实验 44　集成稳压器测试

44.1　实验目的

（1）了解集成稳压器的特性和使用方法。

（2）掌握直流稳压电源主要参数测试方法。

44.2　实验原理

随着半导体工艺的发展,稳压电路也制成了集成器件。由于集成稳压器具有体积小、外接线路简单、使用方便、工作可靠和通用性等优点,因此在各种电子设备中应用十分普遍,基本上取代了由分立元件构成的稳压电路。集成稳压管的种类很多,应根据设备对直流电源的要求来进行选择。对于大多数电子仪器、设备和电子电路来说,通常是选用串联线性集成稳压器。而在这种类型的器件中,又以三端式集成稳压器应用最为广泛。

78、79 系列三端式集成稳压器的输出电压是固定的,在使用中不能进行调整。78 系列三端式集成稳压器输出正极性电压,一般有 5 V、6 V、9 V、12 V、15 V、18 V、24 V 七个档次,输出电流最大可达 1.5 A(加散热片)。同类型 78M 系列稳压器的输出电流为 0.5 A,78L 系列稳压器的输出电流为 0.1 A。若要求负极性输出电压,则可选用 79 系列稳压器。图 44.1 为 78 系列三端式集成稳压器的外形及接线图。它有三个引出端:

输入端(不稳定电压输入端),标以“1”;

输出端(稳定电压输出端),标以“3”;

公共端,标以“2”。

除固定输出三端式集成稳压器外,还有可调式三端集成稳压器,后者可通过外接元件对输出电压进行调整,以适应不同的需要。

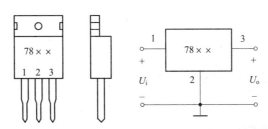

图 44.1　78 系列三端式集成稳压器的外形及接线图

本实验所用集成稳压器为三端固定正稳压 7805。它的主要参数有:输出直流电压 U_o = +5 V,输出电流 0.5 A,电压调整率 10 mV/V,输出电阻 R_o = 0.15 Ω,输入电压 U_i 的范围为 8 ~ 10 V。一般 U_i 要比 U_o 大 3 ~ 5 V,才能保证集成稳压器工作在线性区。

图 44.2 是用三端式集成稳压器 7805 构成的单电源电压输出串联型稳压电源的实验电路。其中整流部分采用了由四个二极管组成的桥式整流器。滤波电容 C_1、C_2 一般选取几百至几千微法。当稳压器距离整流滤波电路比较远时,在输入端必须接入电容 C_3(数值为 0.33 μF),以抵消线路的电感效应,防止产生自激振荡。输出端电容 C_4(0.1 μF)用以滤除输出端的高频信

号,改善电路的暂态响应。

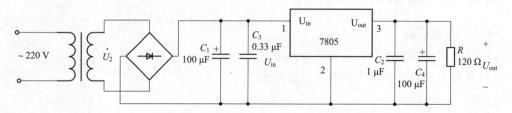

图 44.2   由 7805 构成的单电源电压输出串联型稳压电源的实验电路

图 44.3 为正、负双电压输出电路,例如需要 $U_{o1} = +18$ V, $U_{o2} = -18$ V,则可选用 7818 和 7918 三端式集成稳压器,这时的 U_i 应为单电压输出时的两倍。当集成稳压器本身的输出电压或输出电流不能满足要求时,可通过外接电路来进行性能扩展。图 44.4 是一种简单的输出电压扩展电路。如 7805 稳压器的 3、2 端间输出电压为 5 V,因此只要适当选择 R 的值,使稳压管工作在稳压区,则输出电压 $U_o = 5 + U_z$,可以高于稳压器本身的输出电压。

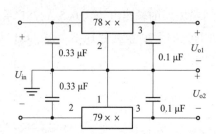

图 44.3   正、负双电压输出电路

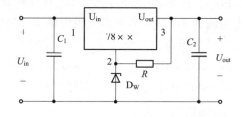

图 44.4   输出电压扩展电路

44.3   实验设备

(1)双踪示波器。

(2)数字万用表。

(3)模拟电子技术实验箱。

44.4   实验内容

1. 集成稳压器的参数测试

实验电路如图 44.5 所示。

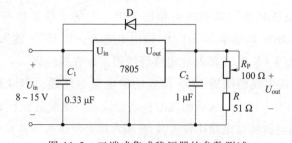

图 44.5   三端式集成稳压器的参数测试

测试内容:

(1)稳定输出电压。

(2)电压调整率。

(3)电流调整率。

(4)纹波电压(有效值或峰值)。

2. 集成稳压器性能测试

仍用图 44.5 所示电路,测试直流稳压电源性能。测试内容:

(1)保持稳定输出电压的最小输入电压。

(2)输出电流最大值及过电流保护性能。

3. 改变输出电压

实验电路如图 44.6 所示。按图接线,测量输出电压及变化范围。

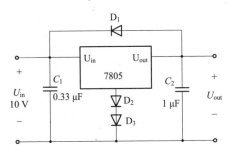

图 44.6　改变输出电压实验电路

44.5　思考题

(1)使用集成稳压器时需要选择的主要技术参数是什么?

(2)估算图 44.6 电路输出电压范围。

44.6　实验报告

(1)整理实验报告,计算实验内容 1 的各项参数。

(2)画出实验内容 2 的输出保护特性曲线。

(3)总结本实验所用三端式集成稳压器的应用方法。

实验 45   *RC* 正弦波振荡器测试

45.1   实验目的

（1）了解双 T 网络振荡器的组成与原理及振荡条件。

（2）学会测量、调试振荡器。

45.2   实验原理

RC 正弦波振荡器是指只在一个频率下满足振荡条件，从而产生单一频率的正弦波信号。*RC* 正弦波振荡器实际为一正反馈放大电路，本实验采用的双 T 网络振荡器，如图 45.1 所示。

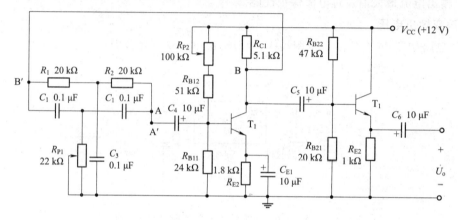

图 45.1   双 T 网络振荡器

当振荡电路的电源刚接通时，电路中出现一个电冲击，由于这种扰动的不规则性，因此它包含着频率范围很宽的各次谐波。其中所有不符合振荡条件的谐波都逐渐衰减而最终消失，只有符合振荡条件，频率为 f_0 的谐波能够建立起稳定的振荡。设该次谐波在放大电路的输入端产生一个微弱电压 u_{i1} 经过放大，得到 u_{o1}。u_{o1} 通过反馈网络，得到 u_{f2}，因为满足起振条件，即 $|\dot A\dot F| > 1$，所以 $u_{f2} > u_{i1}$，这个反馈电压 u_{f2} 作为放大电路的输入电压再一次经过放大得到 u_{o3} 反馈到 u_{f4}，如此不断地经过放大→反馈→再放大……的变化过程，当反馈后的电压与原来的输入电压相等，即时 $u_{fA} = u_{iA}$ 时，$|\dot A\dot F| = 1$，于是电路达到稳幅振荡。

45.3   实验设备

（1）双踪示波器。

（2）函数信号发生器。

（3）模拟电子技术实验箱。

45.4   实验内容

（1）双 T 网络先不接入（A、B 处先不与 A′、B′连接），调 T_1 静态工作点，使 U_B 为 7 ~ 8 V。

（2）接入双 T 网络，用示波器观察输出波形，若不起振，调节 R_{P1}，使电路振荡。

（3）用示波器测量振荡频率并与思考题中的计算值比较。

(4)由小到大调节 R_{P1},观察输出波形,并测量电路刚开始振荡时 R_{P1} 的阻值(测量时断电并断开连线)。

(5)将图45.1中双 T 网络与放大器断开,用信号发生器的信号注入双 T 网络,观察输出波形。保持输入信号幅度不变,频率由低到高变化,找出输出信号幅值最低的频率。

45.5　思考题

(1)说明 RC 正弦波振荡器的起振过程。

(2)计算图45.1所示电路的振荡频率。

45.6　实验报告

(1)整理实验测量数据并描绘波形。

(2)回答问题:

①图45.1所示电路是何种形式的反馈。

②R_{C1}在电路中起什么作用。

③为什么放大器后面要带射极跟随器?

第4篇 数字电子技术

实验 46　门电路逻辑功能及测试

46.1　实验目的
(1)熟悉门电路逻辑功能。
(2)熟悉数字电子技术实验箱及示波器的使用方法。

46.2　实验原理
　　门电路是开关电路的一种,它具有一个或多个输入端,只有一个输出端,当一个或多个输入端有信号时其输出才有信号。门电路在满足一定条件时,按一定规律输出信号,起着开关作用。基本门电路采用与门、或门、非门三种,也可将其组合而构成其他门,如与非门、或非门等。
　　图46.1为与非门电路原理图,其基本功能是:在输入信号全为高电平时输出才为低电平。输出与输入的逻辑关系为:$Y = \overline{ABCD}$。
　　图46.2为异或门电路原理图,其基本功能是:当两个输入端相异(即一个为0,另一个为1)时,输出为1;当两个输入端相同时,输出为0。即 $Y = A \oplus B = \overline{A}B + A\overline{B}$。

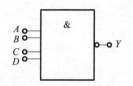

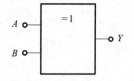

图46.1　与非门电路原理图　　　　图46.2　异或门电路原理图

46.3　实验设备
(1)双踪示波器。
(2)74LS00 二输入端四与非门(两片)。
(3)74LS20 四输入端二与非门(一片)。
(4)74LS86 二输入端四异或门(一片)。
(5)74LS04 六反相器(一片)。
(6)数字电子技术实验箱。

46.4　实验内容
实验前按实验箱的使用说明先检查实验箱电源是否正常,然后选择实验用的集成电路。

按自己设计的实验接线图连线,特别注意 V_{cc} 及地线不能接错。线接好后经指导教师检查无误后,方可通电实验。实验中改动接线须先断开电源,接好线后再通电实验。

1. 门电路逻辑功能测试

(1)选用双四输入与非门 74LS20 一片,插入实验板上的 IC 插座,输入端 A、B、C、D 分别接 $K_1 \sim K_4$(电平开关输出插口),输出端接电平显示发光二极管($L_1 \sim L_{16}$ 任意一个)。

(2)将电平开关按表 46.1 置位,分别测出输出电压及逻辑状态。

表 46.1   与非门输出电压及逻辑状态

输　　入				输　　出	
A	B	C	D	Y	电压/V
H	H	H	H		
L	H	H	H		
L	L	H	H		
L	L	L	H		
L	L	L	L		

2. 异或门逻辑功能测试

(1)选取二输入四异或门电路 74LS86,按图 46.3 接线,输入端 1、2、4、5 接电平开关,输出端 A、B、Y 接电平显示发光二极管。

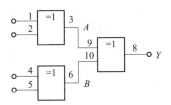

图 46.3   异或门逻辑功能测试

(2)将电平开关按表 46.2 置位,将测试结果填入表 46.2 中。

表 46.2   异或门输出电压及逻辑状态

输　　入				输　　出			
1	2	3	4	A	B	Y	Y 电压/V
L	L	L	L				
H	L	L	L				
H	H	L	L				
H	H	H	L				
H	H	H	H				
L	H	L	H				

3. 逻辑电路的逻辑关系

（1）用74LS00,按图46.4接线,将输入/输出逻辑关系填入表46.3中。

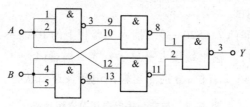

图 46.4 逻辑电路

表 46.3 逻辑关系

输	入	输 出
A	B	Y
L	L	
L	L	
H	L	
H	H	

（2）写出图46.4所示电路的逻辑表达式。

4. 用与非门组成其他门电路并测试验证

1）组成与门

用一片二输入端四与非门组成与门 $Y = A \cdot B = \overline{\overline{A} \cdot \overline{B}}$,画出逻辑电路图,测试并验证逻辑功能。

2）组成或门

用一片二输入端四与非门组成或门 $Y = A + B = \overline{\overline{A + B}} = \overline{\overline{A} \cdot \overline{B}}$,画出逻辑电路图,测试并验证逻辑功能。

3）组成或非门

用一片二输入端四与非门组成或非门 $Y = \overline{A + B} = \overline{A} \cdot \overline{B} = \overline{\overline{\overline{A} \cdot \overline{B}}}$,画出逻辑电路图,测试并验证逻辑功能。

4）组成异或门

将异或门表达式转换为与非门表达式。用两片二输入端四与非门组成异或门,画出逻辑电路图,测试并填表46.4。

表 46.4 异或门测试结果

输	入	输 出
A	B	Y
0	0	
0	1	
1	0	
1	1	

46.5 思考题

(1)怎样判断门电路逻辑功能是否正常?

(2)与非门一个输入接连续脉冲,其余端什么状态时允许脉冲通过? 什么状态时禁止脉冲通过?

(3)异或门又称可控反相门,为什么?

46.6 实验报告

(1)按各步骤要求填表并画出逻辑电路图。

(2)写出异或门的与非表达式。

实验47　组合逻辑电路(半加器、全加器及逻辑运算)测试

47.1　实验目的

(1)掌握组合逻辑电路的功能测试。

(2)验证半加器和全加器的逻辑功能。

(3)学会二进制数的运算规律。

47.2　实验原理

数字电路分为组合逻辑电路和时序逻辑电路两类。任意时刻电路的输出信号仅取决于该时刻的输入信号,而与信号输入前电路所处的状态无关,这种电路称为组合逻辑电路。

分析一个组合逻辑电路,一般从输出端开始,逐级写出逻辑表达式,然后利用公式或卡诺图等方法进行化简,得到仅含有输入信号的最简输出逻辑函数表达式,由此得到该电路的逻辑功能。

两个一位二进制数相加,称为半加,实现半加操作的电路称为半加器。两个一位二进制数相加的真值表见表47.1,表中S_i表示半加和,C_i表示向高位的进位,A_i、B_i表示两个加数。

表47.1　半加器的真值表

A_i	B_i	S_i	C_i
0	0	0	0
0	1	1	0
1	0	1	0
1	1	0	1

从二进制数加法的角度看,表中只考虑了两个加数本身,没有考虑低位来的进位,这也就是半加一词的由来。由表47.1可直接写出半加器的逻辑函数表达式:$S_i = \overline{A_i}B_i + A_i\overline{B_i}$、$C_i = A_iB_i$,由逻辑函数表达式可知,半加器的半加和$S_i$是$A_i$、$B_i$的异或,而进位$C_i$是$A_i$、$B_i$相与,故半加器可用一个集成异或门和一个与门组成。

两个同位的加数和来自低位的进位三者相加,这种加法运算就是全加,实现全加运算的电路称为全加器。如果用A_i、B_i分别表示A、B两个多位二进制数的第i位,C_{i-1}表示低位(第$i-1$位)来的进位,则根据全加运算的规则可列出真值表见表47.2。

表47.2　全加器的真值表

A_i	B_i	C_{i-1}	S_i	C_i
0	0	0	0	0
0	0	1	1	0
0	1	0	1	0
0	1	1	0	1

续表

A_i	B_i	C_{i-1}	S_i	C_i
1	0	0	1	0
1	0	1	0	1
1	1	0	0	1
1	1	1	1	1

利用卡诺图可求出 S_i、C_i 的简化函数表达式：

$$S_i = A_i \oplus B_i \oplus C_{i-1}$$

$$C_i = (A_i \oplus B_i) C_i + A_i B_i$$

可见,全加器可用两个异或门和一个与或门组成。

如果将数据表达式进行一些变换,半加器还可以用异或门、与非门等元器件组成。

47.3 实验设备

(1)74LS00 二输入端四与非门(三片)。

(2)74LS86 二输入端四异或门(一片)。

(3)74LS54 四组输入与或非门(一片)。

(4)数字电子技术实验箱。

47.4 实验内容

1. 组合逻辑电路功能测试

(1)用两片 74LS00 组成图 47.1 所示组合逻辑电路。为便于接线和检查,在图中要注明芯片编号及各引脚对应的编号。

(2)图中 A、B、C 接电平开关(K_1、K_2、K_3),Y_1、Y_2 接发光管(L_1、L_2)显示电平。

(3)按表 47.3 要求,改变 A、B、C 的状态,填表 47.3 并写出 Y_1、Y_2 逻辑函数表达式。

(4)将运算结果与理论值比较。

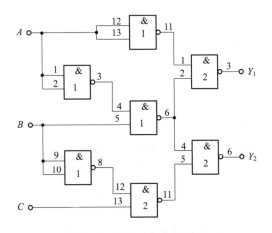

图 47.1 组合逻辑电路

表 47.3　组合逻辑电路实验数据

输　入			输　　出	
A	B	C	Y_1	Y_2
0	0	0		
0	0	1		
0	1	0		
0	1	1		
1	0	0		
1	0	1		
1	1	0		
1	1	1		

2. 测试用异或门(74LS86)和与非门组成的半加器的逻辑功能

根据半加器的逻辑函数表达式可知,半加器 Y 是 A、B 的异或,而进位 Z 是 A、B 相与,故半加器可用一个集成异或门和两个与非门组成,如图 47.2 所示。

(1)用异或门和与非门接成图 47.2 所示电路。A、B 接电平开关 K_1、K_2;Y、Z 接发光管 L_1、L_2。

(2)按表 47.4 的要求改变 A、B 状态,将输出端状态填入表 47.4 中。

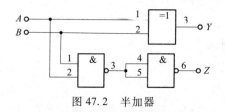

图 47.2　半加器

表 47.4　半加器实验数据

输　入		输　　出	
A	B	Y	Z
0	0		
1	0		
0	1		
1	1		

3. 测试全加器的逻辑功能

(1)写出图 47.3 所示电路中各点的逻辑函数表达式。

$Y =$ ＿＿＿＿＿＿＿＿　;$Z =$ ＿＿＿＿＿＿＿＿;

$X_1 =$ ＿＿＿＿＿＿＿　;$X_2 =$ ＿＿＿＿＿＿＿　;$X_3 =$ ＿＿＿＿＿＿＿;

$S_i =$ ＿＿＿＿＿＿＿　;$C_i =$ ＿＿＿＿＿＿＿　。

(2)根据逻辑函数表达式列真值表及各点状态(见表 47.5)。

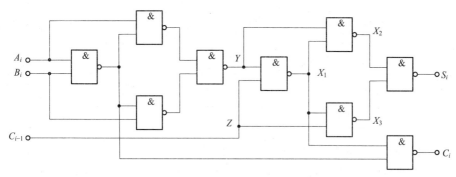

图 47.3　全加器

表 47.5　全加器真值表

A_i	B_i	C_{i-1}	Y	Z	X_1	X_2	X_3	S_i	C_i
0	0	0							
0	1	0							
1	0	0							
1	1	0							
0	0	1							
0	1	1							
1	0	1							
1	1	1							

（3）根据真值表画逻辑函数 S_i、C_i 的卡诺图（见图 47.4）。

$S_i =$ 　　　　　　　　　　　　　　　　$C_i =$

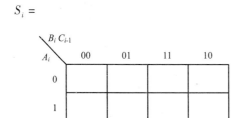
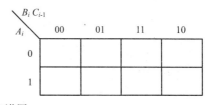

图 47.4　卡诺图

（4）按原理图选择与非门接线并进行测试,将测试结果记入表 47.6 中,并与表 47.5 进行比较看逻辑功能是否一致。

表 47.6　全加器实验数据

A_i	B_i	C_{i-1}	C_i	S_i
0	0	0		
0	1	0		
1	0	0		
1	1	0		

续表

A_i	B_i	C_{i-1}	C_i	S_i
0	0	1		
0	1	1		
1	0	0		
1	1	1		

4. 测试用异或、与或和非门组成的全加器的逻辑功能

全加器可以用两个半加器和两个与门、一个或门组成。在实验中,常用一个双异或门、一个与或非门和一个与非门实现。

(1)画出用异或门、与或非门和非门实现全加器的逻辑电路图,写出逻辑函数表达式。

(2)找出异或门、与或非门和非门器件,按自己画出的图接线。接线时注意与或非门中不用的与门输入端接地。

(3)当输入端 A_i、B_i 及 C_{i-1} 为下列情况时(见表 47.7),用万用表测量 S_i 和 C_i 的电位并将其转换为逻辑状态填入表 47.7 中。

表 47.7　全加器实验数据

输入端	A_i	0	0	0	0	1	1	1	1
	B_i	0	0	1	1	0	0	1	1
	C_{i-1}	0	1	0	1	0	1	0	1
输出端	S_i								
	C_i								

47.5　思考题

(1)什么是半加器?什么是全加器?

(2)二进制加法运算和逻辑加法运算的含义有何不同?

47.6　实验报告

(1)整理实验数据、图表并对实验结果进行分析讨论。

(2)总结组合逻辑电路的分析方法。

实验 48　译码器和数据选择器测试

48.1　实验目的

(1)熟悉集成译码器和数据选择器工作原理。

(2)了解集成译码器和数据选择器的应用。

48.2　实验原理

译码器是将给定代码译成相应状态的电路。双 2 – 4 线集成译码器 74LS139 如图 48.1 所示。每个 2 – 4 线译码器有两个输入端(A、B)和四个输出端(Y_0、Y_1、Y_2、Y_3)。两个输入端可以输入四种数码,即 00、01、10、11,对应的四种输出状态是 0111、1011、1101、1110。G 为使能端,当 $G = 0$ 时,译码器能正常工作;当 $G = 1$ 时,译码器不能工作,输出端全部为高电平(即"1")。

数据选择器有多个输入,一个输出。其功能类似单刀多掷开关,故又称多路开关(MUX)。在控制端的作用下可从多路并行数据中选择一路送输出端。

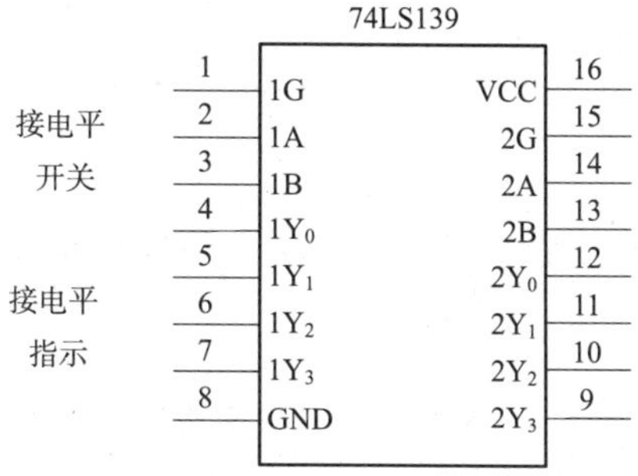

图 48.1　译码器 74LS139

双 4 选 1 数据选择器 74LS153 如图 48.2 所示。以其中的一个数据选择器为例,C_0、C_1、C_2、C_3 为输入端,可同时输入四种不同的数据(信号),Y 为被选中的数据输出端,G 为使能端(低电平时工作),A、B 为选择控制端。设四个输入端的输入信号分别为 C_0、C_1、C_2、C_3,则其功能表如表 48.1 所示。

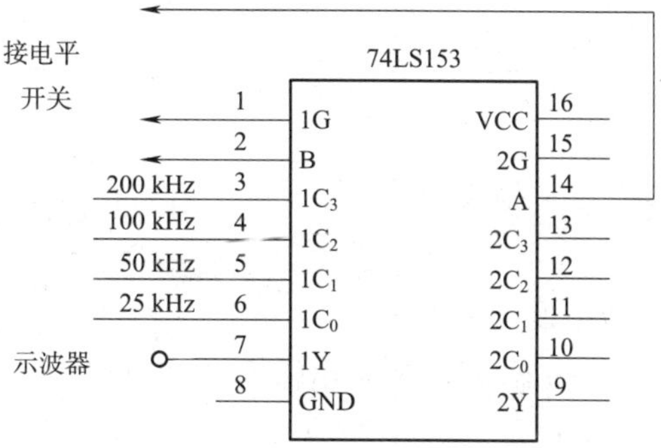

图 48.2　数据选择器 74LS153

表 48.1　74LS153 功能表

控　　制		使能	输出
B	A	G	Y
×	×	H	L
L	L	L	C_0
L	H	L	C_1
H	L	L	C_2
H	H	L	C_3

48.3　实验设备

(1)双踪示波器。

(2)74LS139 双 2-4 线译码器(一片)。

(3)74LS153 双 4 选 1 数据选择器(一片)。

(4)74LS00 二输入端四与非门(一片)。

(5)数字电子技术实验箱。

48.4　实验内容

1. 译码器功能测试

将 74LS139 译码器的使能端 G、选择端 A 和 B,按表 48.2 输入电平分别设置,填写表 48.2 中的输出状态。

表 48.2　74LS139 实验数据

输　　入			输　　出			
使能	选择		Y_0	Y_1	Y_2	Y_3
G	B	A				
H	×	×				
L	L	L				
L	L	H				
L	H	L				
L	H	H				

2. 译码器转换

将双 2-4 线译码器转换为 3-8 线译码器。

(1)画出转换电路图。

(2)在实验箱上接线并验证设计是否正确。

(3)设计并填写 3-8 线译码器功能表,画出输入/输出波形。

3. 数据选择器的测试及应用

将双 4 选 1 数据选择器 74LS153 按图 48.2 接线,测试其功能并填写功能表(见表 48.3)。

表48.3　74LS153实验数据

选择端	数据输入端				输出端	输出
B　A	C_0	C_1	C_2	C_3	G	Y
× ×	×	×	×	×	H	
L L	L	×	×	×	L	
L L	H	×	×	×	L	
L H	×	L	×	×	L	
L H	×	H	×	×	L	
H L	×	×	L	×	L	
H L	×	×	H	×	L	
H H	×	×	×	L	L	
H H	×	×	×	H	L	

（1）将选择端1（1G）、2（B）、14（A）接逻辑电平开关。

（2）将实验箱脉冲信号源中固定连续脉冲四个不同频率的信号接到数据选择器四个输入端：3（200 kHz）、4（100 kHz）、5（50 kHz）、6（25 kHz）；将选择端置位，使输出端7（1Y）接示波器，可分别观察到四种不同频率的脉冲信号。

（3）分析上述实验结果，总结数据选择器的作用。

48.5　思考题

（1）什么是译码？什么是编码？

（2）二进制译码（编码）和二－十进制译码（编码）有何不同？

48.6　实验报告

（1）画出实验要求的波形图。

（2）画出实验内容2的电路图。

（3）总结译码器和数据选择器的使用体会。

实验 49 R – S、D、J – K 触发器测试

49.1 实验目的

（1）熟悉并掌握 R – S、D、J – K 触发器的构成、工作原理和功能测试方法。

（2）学会正确使用触发器集成芯片。

（3）了解不同逻辑功能触发器相互转换的方法。

49.2 实验原理

1. R – S 触发器的逻辑功能

基本 R – S 触发器的电路如图 49.1 所示。它的逻辑功能是：

（1）当 $\overline{S}_D = 1$、$\overline{R}_D = 0$ 时，$Q = 0$、$\overline{Q} = 1$，触发器处于"0"状态。

（2）当 $\overline{S}_D = 0$、$\overline{R}_D = 1$ 时，$Q = 1$、$\overline{Q} = 0$，触发器处于"1"状态。

（3）当 $\overline{S}_D = 1$、$\overline{R}_D = 1$ 时，触发器保持原状态不变。

（4）当 $\overline{S}_D = 0$、$\overline{R}_D = 0$ 时，触发器两个输出端都是"1"，一旦输入信号同时撤除，即 $\overline{S}_D$ 和 $\overline{R}_D$ 同时由"0"变为"1"，触发器将由各种偶然因素确定其最终值，是"1"或是"0"无法确定，即触发器状态不定。

2. 维持 – 阻塞型 D 触发器的逻辑功能

维持 – 阻塞型 D 触发器的逻辑符号如图 49.2 所示。图中 $\overline{S}_D$、$\overline{R}_D$ 端分别为异步置 1 端、置 0 端，CP 为时钟脉冲端。CP 脉冲上升沿触发。D 触发器的真值表如表 49.1 所示。其特征方程为 $Q_{n+1} = D_n$。

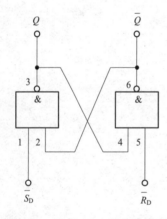

图 49.1 基本 R – S 触发器电路

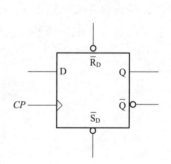

图 49.2 D 触发器的逻辑符号

表 49.1 D 触发器的真值表

D_n	Q_{n+1}
0	0
1	1

3. J－K 触发器的逻辑功能

J－K 触发器的逻辑符号如图 49.3 所示。图中 $\overline{S}_D$、$\overline{R}_D$ 端分别为异步置 1 端、置 0 端,CP 为时钟脉冲端。CP 脉冲下降沿触发。

J－K 触发器的逻辑功能是:

(1)当 $J=0$、$K=0$ 时,触发器维持原状态,$Q_{n+1}=Q_n$。

(2)当 $J=0$、$K=1$ 时,不管触发器的原状态如何,CP 作用(下降沿)后,触发器总是处于"0"状态,$Q_{n+1}=0$。

(3)当 $J=1$、$K=0$ 时,不管触发器原状态如何,CP 作用后,触发器总是处于"1"状态,$Q_{n+1}=1$。

(4)当 $J=1$、$K=1$ 时,不管触发器原状态如何,CP 作用后,触发器的状态都要翻转,$Q_{n+1}=\overline{Q}_n$。

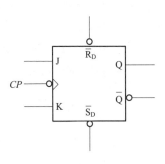

图 49.3 J－K 触发器的逻辑符号

49.3 实验设备

(1)双踪示波器。

(2)74LS00 二输入端四与非门(一片)。

(3)74LS74 双 D 触发器(一片)。

(4)74LS112 双 J－K 触发器(一片)。

(5)数字电子技术实验箱。

49.4 实验内容

1. 基本 R－S 触发器功能测试

两个 TTL 与非门首尾相接构成的基本 R－S 触发器的电路如图 49.1 所示。

(1)试按表 49.2 的顺序在 $\overline{S}_D$、$\overline{R}_D$ 端加信号,观察并记录触发器的 Q、$\overline{Q}$ 端的状态,将结果填入表 49.2 中,并说明在各种输入状态下,触发器执行的是什么功能。

表 49.2 基本 R－S 触发器

$\overline{S}_D$	$\overline{R}_D$	Q	$\overline{Q}$	逻辑功能
0	0			
0	1			
1	0			
1	1			

(2)$\overline{S}_D$ 端接低电平,$\overline{R}_D$ 端加脉冲。

(3)$\overline{S}_D$ 端接高电平,$\overline{R}_D$ 端加脉冲。

(4)令 $\overline{R}_D=\overline{S}_D$,$\overline{S}_D$ 端加脉冲。

记录并观察(2)、(3)、(4)三种情况下,Q、$\overline{Q}$ 端的状态。从中能否总结出基本 R－S 触发器的 Q 或 $\overline{Q}$ 端的状态改变和输入端 $\overline{S}_D$、$\overline{R}_D$ 的关系。

（5）当 $\overline{S}_{\text{D}}$、$\overline{R}_{\text{D}}$ 都接低电平时，观察 Q、$\overline{Q}$ 端的状态。当 $\overline{S}_{\text{D}}$、$\overline{R}_{\text{D}}$ 同时由低电平跳为高电平时，注意观察 Q、$\overline{Q}$ 端的状态。重复 3 ~ 5 次，观察 Q、$\overline{Q}$ 端的状态是否相同，以正确理解"不定"状态的含义。

2. 维持 – 阻塞型 D 触发器功能测试

正边沿维持 – 阻塞型双 D 触发器 74LS74 的逻辑符号如图 49.2 所示。

（1）分别在 $\overline{S}_{\text{D}}$、$\overline{R}_{\text{D}}$ 端加低电平，观察并记录 Q、$\overline{Q}$ 端的状态。

（2）令 $\overline{S}_{\text{D}}$、$\overline{R}_{\text{D}}$ 端为高电平，D 端分别接高、低电平，用点动脉冲作为 CP，观察并记录当 CP 为 0、上升沿、1、下降沿时 Q 端状态的变化。

（3）当 $\overline{S}_{\text{D}} = \overline{R}_{\text{D}} = 1$，$CP = 0$（或 $CP = 1$），改变 D 端信号，观察 Q 端的状态是否变化？整理以上实验数据，将结果填入表 49.3 中。

（4）令 $\overline{S}_{\text{D}} = \overline{R}_{\text{D}} = 1$，将 D 和 $\overline{Q}$ 端相连，CP 端加连续脉冲，用双踪示波器观察并记录 Q 相对于 CP 的波形。

表 49.3　D 触发器功能测试

$\overline{S}_{\text{D}}$	$\overline{R}_{\text{D}}$	CP	D	Q_n	Q_{n-1}
0	1	×	×	0	
				1	
1	0	×	×	0	
				1	
1	1	⌐	0	0	
				1	
1	1	⌐	1	0	
				1	

3. 负边沿 J – K 触发器功能测试

负边沿双 J – K 触发器 74LS112 的逻辑符号如图 49.3 所示。自拟实验步骤，测试其功能，并将结果填入表 49.4 中。若令 $J = K = 1$ 时，CP 端加连续脉冲，用双踪示波器观察 Q 和 CP 波形，和 D 触发器的 D 和 $\overline{Q}$ 端相连时观察到的 Q 端的波形相比较，有何异同点？

表 49.4　J – K 触发器功能测试

$\overline{S}_{\text{D}}$	$\overline{R}_{\text{D}}$	CP	J	K	Q_n	Q_{n+1}
0	1	×	×	×	×	
1	0	×	×	×	×	
1	1	⌐	0	×	0	
1	1	⌐	1	×	0	

续表

$\overline{S}_D$	$\overline{R}_D$	CP	J	K	Q_n	Q_{n+1}
1	1	⌐_	×	0	1	
1	1	⌐_	×	1	1	

4. 触发器功能转换

(1)将 D 触发器和 J – K 触发器转换成 T 触发器,列出逻辑函数表达式,画出实验电路图。

(2)输入连续脉冲,观察各触发器 CP 及 Q 端波形。比较相互关系。

(3)自拟实验数据表并填写。

49.5　思考题

(1)说明基本 R – S 触发器在置 1 或者置 0 脉冲消失后,为什么触发器的状态保持不变?

(2)$\overline{S}_D$ 和 $\overline{R}_D$ 两个输入端起什么作用?

(3)将 J – K 触发器的 J 和 K 端悬空,试分析其逻辑功能。

49.6　实验报告

(1)整理实验数据并填表。

(2)写出实验内容 3、4 的实验步骤及逻辑函数表达式。

(3)画出实验内容 4 的电路图及相应的实验数据表格。

(4)总结各类触发器的特点。

实验 50　三态输出触发器及锁存器测试

50.1　实验目的

(1)掌握三态触发器和锁存器的功能及使用方法。

(2)学会用三态触发器和锁存器构成功能电路。

50.2　实验原理

(1)D 锁存器是由同步 R – S 触发器改接而成的,可用来存储数据信号。图 50.1 所示为四 D 锁存器 74LS75,每个 D 锁存器由一个锁存信号 G(即 CP)控制。当 G 为高电平时,输出端 Q 随输入端 D 信号的状态变化;当 G 由高变为低时,Q 锁存 G 端由高变低前 Q 的电平。

(2)三态输出触发器是由基本 R – S 触发器与三态输出与非门(又称三态门)连接而成的。其中,三态输出与非门与其他与非门比较,除了通常的高电平和低电平两个输出状态外,还有第三种输出状态,即高阻态。处于高阻态时,电路与负载之间相当于开路。

本实验使用的是集成电路三态输出触发器,包含四个 R – S 触发单元,输出端均用 CMOS 三态门对输出状态施加控制。当三态门截止时电路输出呈"三态",即高阻态。引脚排列如图 50.1 所示。

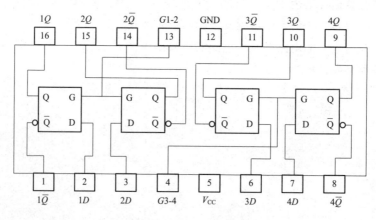

图 50.1　74LS75 锁存器

50.3　实验设备

(1)双踪示波器。

(2)三态输出四 RS 触发器 CD4043(一片)。

(3)四位 D 锁存器 74LS75(一片)。

(4)数字电子技术实验箱。

50.4　实验内容

1. 锁存器功能及应用

(1)验证图 50.1 锁存器功能,并列出功能状态表。

(2)用 74LS75 组成数据锁存器。按图 50.2 接线,1D ～ 4D 接逻辑开关作为数据输入端,

$G1$-2 和 $G3$-4 接到一起作为锁存选通信号 ST，$1Q \sim 4Q$ 分别接到七段译码器的 $A \sim D$ 端，数据输出由数码管显示。

设：逻辑电平 H 为'1'，L 为'0'。

$ST = 1$，输入 0001,0011,0111，观察数码管显示。

$ST = 0$，输入不同数据，观察输出变化。

2. 三态输出触发器功能及应用

CD4043 是三态 R – S 触发器，其引脚排列见图 50.3。

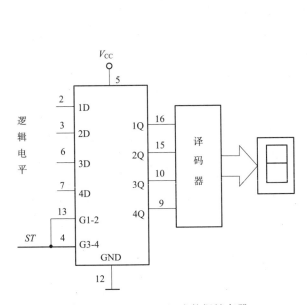

图 50.2　用 74LS75 组成数据锁存器

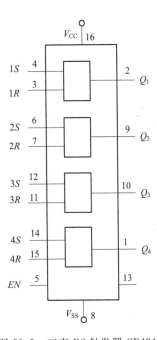

图 50.3　三态 RS 触发器 CD4043

1）三态输出 R – S 触发器功能测试

验证 R – S 触发器功能，并列出功能表。

注意：(1)不用的输入端必须接地，输出端可悬空。

(2)注意判别高阻态，参考方法：输出端为高阻态时用万用表电压挡测量电压为零，用电阻挡测量电阻为无穷大。

2）用三态触发器 CD4043 构成总线数据锁存器

图 50.4 是用 CD4043 和一个二输入端四与非门 CD4081（数据选通器）及一片 CD4069（作为缓冲器）构成的总线数据锁存器。

(1)分析电路的工作原理。（提示：ST 为选通端，R 为复位端，EN 为三态功能控制端）。

(2)写出输出端 Q 与输入端 A、控制端 ST、EN 的逻辑关系。

(3)按图 50.4 接线，测试电路功能，验证(1)的分析。

注意：CD4043 的 R 和 EN 端不能悬空，可接到逻辑开关上。

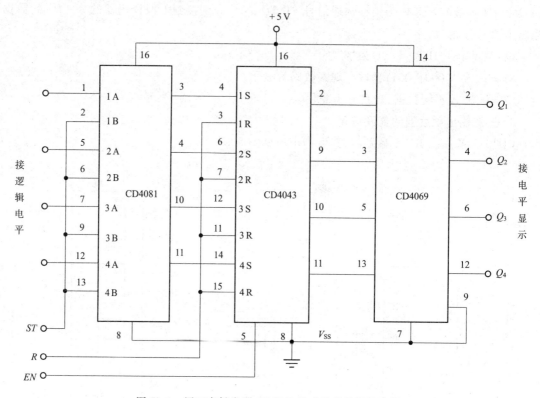

图 50.4　用三态触发器 CD4043 构成总线数据锁存器

50.5　思考题

（1）图 50.4 中，输出端 Q 与输入端 A 的相位是否一致？如果想使输出端与输入端完全一致，应如何改动电路？

（2）如果将输入端 A 接不同频率脉冲信号，输出结果如何？

50.6　实验报告

（1）总结三态输出触发器的特点。

（2）整理并列出 CD4043 和 74LS75 的逻辑功能表。

实验 51　时序逻辑电路测试及研究

51.1　实验目的

(1)掌握常用时序逻辑电路分析、设计及测试方法。

(2)培养独立进行实验的技能。

51.2　实验原理

计数器是最典型的时序逻辑电路之一。它可对脉冲的个数进行计数。

计数器的种类繁多,分类方法也有多种,例如,按进位数值来分类,可分为二进制计数器、二 - 十进制计数器等;按计数器中触发器翻转的次序来分类,可分为同步计数器和异步计数器;按计数过程中计数器数字的增减来分类,可分为加法计数器、减法计数器和可逆计数器等。

图 51.1 为异步二进制加法计数器,由 J - K 触发器构成。除第一级触发器由计数脉冲 CP 直接驱动外,其他各级触发器的动作都要由其前一级触发器 Q 的状态变化来确定,可见这些触发器的动作时间各异。计数器由 $\overline{R}_D$ 输入负脉冲置零后,计数脉冲从 CP 端输入,第一个计数脉冲输入后,计数器状态均为 $Q_4Q_3Q_2Q_1=0001$,随着计数脉冲的继续输入,计数器的状态根据二进制码顺序依次递增,第十五个脉冲输入后,计数器状态为 1111;第十六个脉冲输入后,计数器恢复起始状态 0000。如果继续输入脉冲,则重复上述过程。

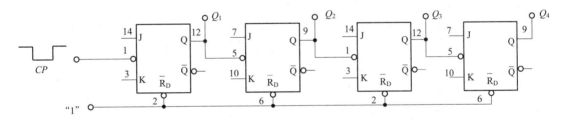

图 51.1　异步二进制加法计数器

异步二进制减法计数器的计数过程是每输入一个 CP 脉冲,计数器的数值减 1,例如计数器原状态为 0000,则输入第一个 CP 脉冲后,变为 1111;输入第二个 CP 脉冲后,变为 1110,依次类推。异步二进制减法计数器的电路结构与加法计数器相似,不同的是级间改由前级的 $\overline{Q}$ 与后级的 CP 连接。

异步二 - 十进制加法计数器如图 51.2 所示。它由两片 74LS73 双 J - K 触发器和一片 74LS00 二输入端四与非门组成。前九个计数脉冲输入后,计数器的状态变化与异步二进制数据相同;当第十个脉冲输入后,计数器状态恢复为 0000,并从 $\overline{Q}_D$ 端送出一个进位脉冲。

把移位寄存器的输出,以一定的方式反馈到串行输入端可构成寄存器型计数器,常用的寄存器型计数器有环形计数器。

图 51.3 是由 74LS175 四 D 触发器组成的环形计数器。第四级的 Q_D 端与第一级的 $1D$ 端相接(反馈)。这种电路,在输入计数脉冲 CP 作用下,其状态在 1000、0100、0010、0001(有效状态)中循环,但工作时,必须先用启动脉冲($\overline{S}_D$、$\overline{R}_D$)将计数器置入有效状态。由于不能自启动,

倘若由于电源故障有信号干扰,使电路进入非使用状态(无效状态),计数器就无法恢复正常工作。

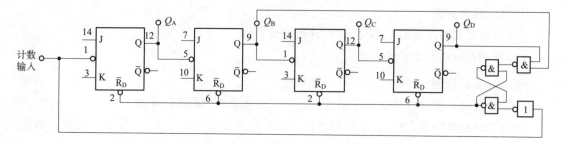

图 51.2   异步二－十进制加法计数器

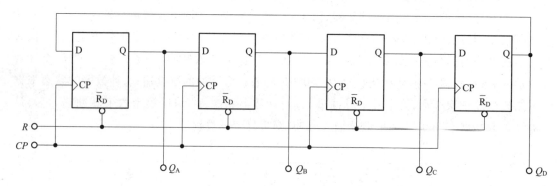

图 51.3   环形计数器(一)

图 51.4 所示电路是具有自启动功能的环形计数器。无论原状态如何,经数个 CP 脉冲作用后,电路总能进入有效循环计数。

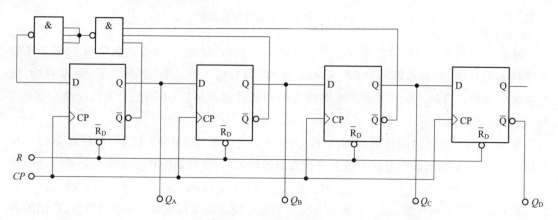

图 51.4   环形计数器(二)

51.3   实验设备

(1)双踪示波器。

(2)74LS73 双 J－K 触发器(两片)。

（3）74LS175 四 D 触发器（一片）。

（4）74LS10 三输入端三与非门（一片）。

（5）74LS00 二输入端四与非门（一片）。

（6）数字电子技术实验箱。

51.4　实验内容

1. 异步二进制计数器

（1）按图 51.1 接线。

（2）Q_1、Q_2、Q_3、Q_4 四个输出端分别接发光管显示电平。

（3）由 CP 端输入单脉冲，测试并记录 $Q_1 \sim Q_4$ 端状态及波形。

（4）试将异步二进制加法计数器改为减法计数器。参考加法计数器，按要求实验并记录。

2. 异步二 – 十进制加法计数器

（1）按图 51.2 接线。

（2）Q_A、Q_B、Q_C、Q_D 四个输出端分别接发光管显示电平，CP 端接连续脉冲或单脉冲。

（3）在 CP 端接连续脉冲，观察 CP、Q_A、Q_B、Q_C、Q_D 的波形。

（4）画出 CP、Q_A、Q_B、Q_C、Q_D 的波形。

3. 自循环移位寄存器——环形计数器

（1）按图 51.3 接线，将 Q_A、Q_B、Q_C、Q_D 分别接发光管显示电平，并设置初始态为 1000，用单脉冲计数，记录各触发器状态。

改为连续脉冲计数，并将其中一个状态为"0"的触发器置为"1"（模拟干扰信号作用的结果）。观察计数器能否正常工作，并分析原因。

（2）按图 51.4 接线，与非门用 74LS10 三输入端三与非，重复上述实验，对比实验结果，总结对于自启动的体会。

51.5　思考题

（1）什么是异步计数器？什么是同步计数器？两者区别何在？

（2）说明计数器的自启动过程。

51.6　实验报告

（1）画出实验内容要求的波形及记录表格。

（2）总结时序逻辑电路的特点。

实验 52　集成计数器及寄存器测试

52.1　实验目的

（1）熟悉集成计数器逻辑功能和各控制端作用。

（2）掌握计数器使用方法。

52.2　实验原理

常用的各种进制的计数器已有技术成熟的集成电路。

74LS290 是二 – 五 – 十进制异步计数器。逻辑简图如图 52.1 所示。其功能如下：有两个独立的下降沿触发计数器，清零端和置 9 端两计数器共用。模二计数器（即二进制计数器）的时钟端为 $CP_A(CP_1)$，输出端为 Q_A。模五计数器的时钟端为 $CP_B(CP_2)$，输出端由高位到低位依次为 Q_D、Q_C、Q_B，当 $S_{9(1)} \cdot S_{9(2)} = 1$ 时，则输出 Q_D、Q_C、Q_B、Q_A 为 1001，完成置 9 功能；当 $R_{0(1)} \cdot R_{0(2)} = 1$ 且 $S_{9(1)} \cdot S_{9(2)} = 0$ 时，输出为 0000，完成置 0 功能；当 $S_{9(1)} \cdot S_{9(2)} = 0$ 时，执行计数操作。74LS290 也可以接成模 10 计数器，如图 52.2 所示，其输出为 8421BCD 码，高低位顺序是 Q_D、Q_B、Q_C、Q_A。

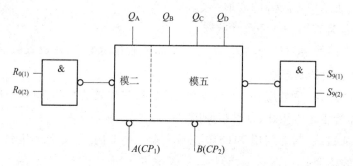

图 52.1　74LS290 逻辑简图

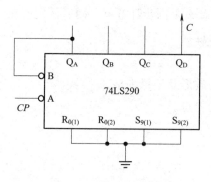

图 52.2　模 10 计数器

用多片集成计数器串联（级联）起来可进行多位数的计数。以十进制计数器为例，第一片作为个位数计数器，第二片进行十位数计数。一般说来，有几片计数器就可进行几位计数。

采用脉冲反馈法（称为复位法或置位法），可用集成计数器组成任意模（M）计数器。

图 52.3 是用 74LS290 实现模 7 计数器的两种方案。图 52.3(a)采用复位法,即计数器计到 M 异步清 0;图 52.3(b)采用置位法,即计数到 $M-1$ 异步置 9。

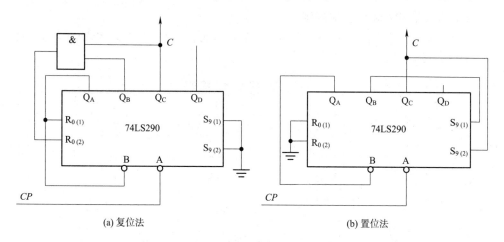

(a)复位法   (b)置位法

图 52.3　74LS290 实现模 7 计数器

当要实现十以上进制的计数器时可将多片级联使用。图 52.4 是四十五进制计数的一种方案,输出为 8421BCD 码。

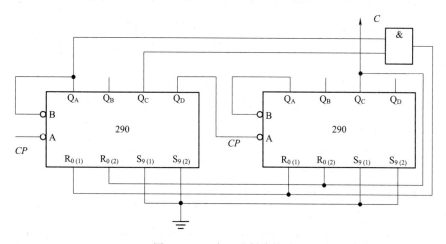

图 52.4　四十五进制计数器

设计任意模(M)计数器的方法是:首先列出数字 M、$M-1$、$M-2$ 时计数器输出端的状态表,然后进行比较,在 M 状态中找到合适的输出位反馈到 $R_{0(1)}$、$R_{0(2)}$ 中清 0,或在 $M-1$ 状态中找到合适的输出位反馈到 $S_{9(1)}$、$S_{9(2)}$ 中置 9。

52.3　实验设备

(1)双踪示波器。

(2)74LS290 十进制计数器(两片)。

(3)74LS00 二输入端四与非门(一片)。

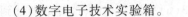

（4）数字电子技术实验箱。

52.4 实验内容

1. 集成计数器 74LS290 功能测试

按芯片引脚图分别测试 74LS290 和模 10 计数器的各种功能（见实验原理部分）并填入表 52.1、表 52.2。

表 52.1　74LS290 输入端功能

输　　入				输　　出			
$R_0(1)$	$R_0(2)$	$S_9(1)$	$S_9(2)$	Q_D	Q_C	Q_B	Q_A
H	H	L	L				
H	H	×	L				
×	×	H	H				
×	L	×	L				
L	×	L	×				
L	×	×	L				
×	L	L	×				

表 52.2　模 10 计数器

计数	输　　出			
	Q_D	Q_C	Q_B	Q_A
0				
1				
2				
3				
4				
5				
6				
7				
8				
9				

2. 计数器级联

分别用两片 74LS290 计数器级联成二－五混合进制、十进制计数器。

（1）画出连线电路图。

（2）按图接线，并将输出端接到数码显示器的相应输入端，用单脉冲作为输入脉冲验证设计是否正确。

（3）画出四位十进制计数器连线图并总结多级计数级联规律。

3. 任意进制计数器设计

（1）按图 52.4 接线，并将输出接到显示器上验证。

（2）设计一个六十进制计数器并接线验证。

（3）记录上述实验各级同步波形。

52.5　思考题

（1）说明利用现有计数器得到任意进制计数器的两种方法。

（2）试用集成计数芯片 74LS290 级联的方法设计一个二十四进制计数器。

52.6　实验报告

（1）整理实验内容和各实验数据。

（2）画出实验内容 2 所要求的电路图。

（3）总结计数器的使用特点。

实验 53　555 时基电路测试

53.1　实验目的

(1)掌握 555 时基电路的结构和工作原理,学会对此芯片的正确使用。

(2)学会分析和测试用 555 时基电路构成的多谐振荡器、单稳态触发器等典型电路。

53.2　实验原理

实验所用的 555 时基电路芯片为 NE556,同一芯片上集成了两个各自独立的 555 时基电路,各引脚的功能简述如下(见图 53.1 和图 53.2):

TH:高电平触发端,当 TH 端电压大于 $(2/3)V_{cc}$,输出端 OUT 端呈低电平,DIS 端导通。

$\overline{TR}$:低电平触发端,当 $\overline{TR}$ 端电压小于 $(1/3)V_{cc}$ 时,输出端 OUT 端呈高电平,DIS 端开断。

DIS:放电端,其导通或关断,可为外接的 RC 回路提供放电或充电的通路。

$\overline{R}$:复位端,$\overline{R}=0$ 时,OUT 端输出低电平,DIS 端导通。该端不用时接高电平。

V_c:控制电压端,V_c 接不同的电压值可改变 TH、$\overline{TR}$ 的触发电平值,其外接电压值范围是 $0 \sim V_{cc}$,该端不用时,一般应在该端与地之间接一个电容。

OUT:输出端。电路的输出带有缓冲器,因而有较强的带负载能力,可直接推动 TTL、CMOS 电路中的各种电路和蜂鸣器等。

V_{cc}:电源端。电源电压范围较宽,TTL 型为 $5 \sim 16$ V,CMOS 型为 $3 \sim 18$ V,本实验所用电压 $V_{cc} = +5$ V。

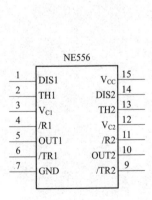

图 53.1　时基电路

NE556 引脚图

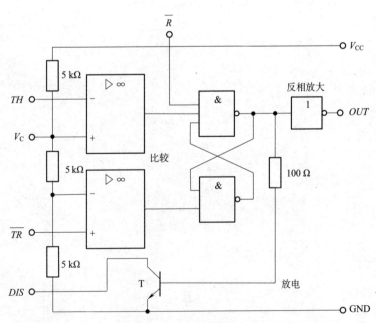

图 53.2　时基电路功能简图

555 芯片的功能如表 53.1 所示。

表 53.1　555 芯片的功能

TH	$\overline{TR}$	$\overline{R}$	OUT	DIS
×	×	L	L	导通
$> \dfrac{2}{3}V_{CC}$	$> \dfrac{1}{3}V_{CC}$	H	L	导通
$< \dfrac{2}{3}V_{CC}$	$> \dfrac{1}{3}V_{CC}$	H	原状态	原状态
$< \dfrac{2}{3}V_{CC}$	$< \dfrac{1}{3}V_{CC}$	H	H	关断

555 时基电路的应用十分广泛,在波形产生、变换、测量仪表、控制设备等方面经常用到。采用 555 时基电路构成的多谐振荡器、单稳态触发器分别如图 53.3、图 53.4 所示。

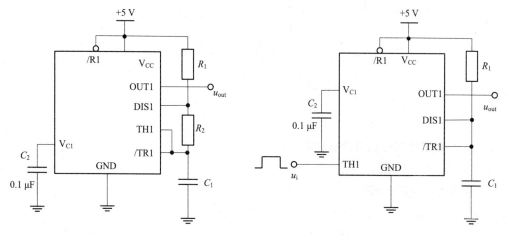

图 53.3　多谐振荡电路　　　　　　图 53.4　单稳态触发器电路

由 555 时基电路构成的多谐振荡器的工作原理是:利用电容充放电过程中电容电压的变化来改变加在高低电平触发端的电平的变化,使 555 时基电路内 R−S 触发器的状态置"1"、置"0",从而在输出端获得矩形波。

当电路接通电源时,由于电容 C_1 为低电位,$\overline{TR}$ 也为低电位,OUT 输出高电平。同时 DIS 断开,电源通过 R_1、R_2 向 C_1 充电,电容电压和 TH、$\overline{TR}$ 电位随之升高,升高至 TH 的触发电平时,OUT 输出低电平。同时 DIS 接通,电容 C_1 通过 R_2、DIS 放电,电容电压和 $\overline{TR}$、TH 电位随之降低,降低到 $\overline{TR}$ 的触发电平时,OUT 输出高电平。DIS 断开,电容 C_1 又开始充电,重复上述过程,从而形成振荡。

至于单稳态电路的工作过程,读者可仿照上述步骤自行分析。

53.3　实验设备

(1) 双踪示波器。

(2) NE556 双 555 时基电路(一片)。

（3）数字电子技术实验箱。

53.4　实验内容

1.555 时基电路功能测试

（1）按图 53.5 接线,可调电压取自电位器分压器。

（2）按表 53.1 逐项测试其功能并记录。

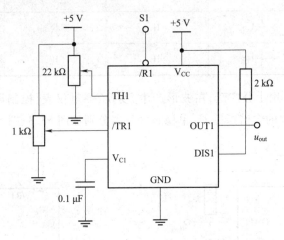

图 53.5　测试接线图

2.555 时基电路构成的多谐振荡器

电路如图 53.3 所示。

（1）按图 53.3 接线。图中元件参数如下：

$R_1 = 15$ kΩ,$R_2 = 5$ kΩ,$C_1 = 0.033$ μF,$C_2 = 0.1$ μF。

（2）用示波器观察并测量 OUT 端波形的频率和理论估算值比较,算出频率的相对误差值。

（3）若将电阻值改为 $R_1 = 15$ kΩ,$R_2 = 10$ kΩ,电容 C 不变,上述的数据有何变化?

3.555 构成的单稳态触发器

实验电路如图 53.4 所示。

（1）按图 53.4 接线,图中 $R_1 = 10$ kΩ,$C_1 = 0.01$ μF,当 u_i 频率为 10 kHz 左右的方波时,用双踪示波器观察 OUT 端 u_{out} 的波形,并测出输出脉冲的宽度 T_w。

（2）调节 u_i 的频率,分析并记录观察到的 OUT 端波形的变化。

（3）若想使 $T_w = 10$ μs,怎样调整电路? 测出此时各有关的参数值。

4. 时基电路使用说明

555 定时器的电源电压范围较宽。可在 5～16 V 范围内使用(若为 CMOS 芯片,则电压范围在 3～18 V 内)。

电路的输出有缓冲器,因而有较强的带负载能力,双极性定时器最大的灌电流在 200 mA 左右,因而可直接驱动 TTL 或 CMOS 电路中的各种电路,包括直接驱动蜂鸣器等器件。

本实验所使用的电源电压 $V_{cc} = +5$ V。

53.5 思考题

（1）若将图 53.3 多谐振荡器电路中电阻值改为 $R_1 = 15$ kΩ，$R_2 = 10$ kΩ，电容 C 不变，波形频率有何变化？

（2）分析单稳态电路的工作过程。

53.6 实验报告

（1）按实验内容各步要求整理实验数据。

（2）画出实验内容 2 和 3 中的相应波形图。

（3）画出实验内容 3 最终调试满意的电路图并标出各元件参数。

（4）总结时基电路的基本电路及使用方法。

实验 54　模/数(A/D)、数/模(D/A)转换电路测试

54.1　实验目的

(1)熟悉 D/A 转换器和 A/D 转换器的工作原理。

(2)了解 D/A 转换器 DAC0832 和 A/D 转换器 ADC0809 的基本结构和特性。

(3)掌握 D/A 转换器 DAC0832 和 A/D 转换器 ADC0809 的使用方法。

54.2　实验原理

1. D/A 转换器(DAC0832)

DAC0832 为电压输入、电流输出的 $R-2R$ 电阻网络型的 8 位 D/A 转换器。DAC0832 采用 CMOS 和薄膜 Si-Cr 电阻相容工艺制造,温漂低,逻辑电平输入与 TTL 电平兼容。DAC0832 是一个 8 位乘法型 CMOS D/A 转换器,它可直接与微处理器相连,采用双缓冲寄存器,这样可在输出的同时,采集下一个数字量,以提高转换速度。

DAC0832 引脚排列如图 54.1 所示。

图 54.1　DAC0832 引脚排列

DAC0832 主要由三部分构成:第一部分是 8 位 D/A 转换器,输出为电流形式;第二部分是两个 8 位数据锁存器构成双缓冲形式;第三部分是控制逻辑。计算机可利用控制逻辑通过数据总线向输入锁存器存数据,因控制逻辑的连接方式不同,可使 D/A 转换器的数据输入具有双缓冲、单缓冲和直通三种方式。

DAC0832 引脚定义说明如下:

$\overline{CS}$:片选输入端,低电平有效,与 ILE 共同作用,对 $\overline{WR_1}$ 信号进行控制。

ILE:输入的锁存信号(高电平有效),当 $ILE=1$ 且 $\overline{CS}$ 和 $\overline{WR_1}$ 均为低电平时,8 位输入寄存器允许输入数据;当 $ILE=0$ 时,8 位输入寄存器锁存数据。

$\overline{WR_1}$:写信号 1(低电平有效),用于将输入数据位送入寄存器中。当 $\overline{WR_1}=1$ 时,输入寄存器的数据被锁定;当 $\overline{CS}=0$,$ILE=1$ 时,在 $\overline{WR_1}$ 为有效电平的情况下,才能写入数字信号。

$\overline{WR_2}$:写信号 2(低电平有效),与$\overline{XFER}$组合,当$\overline{WR_2}$和$\overline{XFER}$均为低电平时,输入寄存器中的 8 位数据传送给 8 位 DAC 数据寄存器中;$\overline{WR_2}$ = 1 时,8 位 DAC 数据寄存器锁存数据。

$\overline{XFER}$:传输控制信号,低电平有效,控制$\overline{WR_1}$有效。

$D_0 \sim D_7$:8 位数字量输入端,其中 D_0 为最低位,D_7 为最高位。

I_{OUT1}:DAC 电流输出 1 端,当 DAC 寄存器全为 1 时,输出电流 I_{OUT1} 为最大;当 DAC 寄存器全为 0 时,输出电流 I_{OUT1} 最小。

I_{OUT2}:DAC 电流输出 2 端,输出电流 $I_{OUT1} + I_{OUT2}$ = 常数。

R_{FB}:芯片内的反馈电阻。反馈电阻引出端,用来作为外接集成运放的反馈电阻。在构成电压输出 DAC 时,此端应接运算放大器的输出端。

V_{REF}:参考电压输入端,通过该引脚将外部的高精度电压源与片内的 R-2R 电阻网相连,其电压范围为 − 10 ~ + 10 V。

V_{CC}:电源电压输入端,电源电压范围为 5 ~ 15 V,最佳状态为 15 V。

DGND:数字电路接地端。

AGND:模拟电路接地端,通常与 DGND 相连。

2. A/D 转换器(ADC0809)

ADC0809 是一个带有 8 通道多路开关并能与微处理器兼容的 8 位 A/D 转换器,它是单片 CMOS 器件,采用逐次逼近法进行转换。它的转换时间为 100 μs,分辨率为 8 位,转换速度为 ± LSD/2,单 5 V 供电,输入模拟电压范围为 0 ~ 5 V,内部集成了可以锁存控制的 8 路模拟转换开关,输出采用三态输出缓冲寄存器,电平与 TTL 电平兼容。

ADC0809 转换器引线排列,如图 54.2 所示。

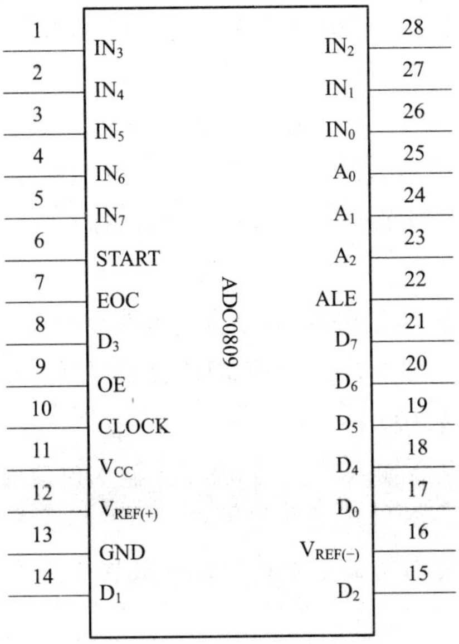

图 54.2　ADC0809 转换器引脚排列

在 8 路模拟输入信号中选择哪一路输入信号进行转换,由多路选择器决定。多路选择器包括八个标准的 CMOS 模拟开关,三个地址锁存器。$ADDC \sim ADDA$ 三位地址选择有八种状态,可以选中八个通道之一。各通道对应地址如表 54.1 所示。

表 54.1 各通道对应地址

地 址			模拟通道
A_2	A_1	A_0	
0	0	0	IN_0
0	0	1	IN_1
0	1	0	IN_2
0	1	1	IN_3
1	0	0	IN_4
1	0	1	IN_5
1	1	0	IN_6
1	1	1	IN_7

ADC0809 各引脚的功能说明如下:

$A_0 \sim A_2$:3 位通道地址输入端,$A_2 \sim A_0$ 为 3 位二进制码。$A_2 A_1 A_0 = 000 \sim 111$ 时分别选中 $IN_0 \sim IN_7$。

$IN_0 \sim IN_7$:8 路模拟信号输入通道。

ALE:地址锁存允许输入端(高电平有效),当 ALE 为高电平时,允许 $A_2 A_1 A_0$ 所示的通道被选中(该信号的上升沿使多路开关的地址码 $A_2 A_1 A_0$ 锁存到地址寄存器中)。

ST:启动信号输入端,此输入信号的上升沿使内部寄存器清零,下降沿使 A/D 转换器开始转换。

EOC:A/D 转换结束信号,它在 A/D 转换开始时由高电平变为低电平,转换结束后,由低电平变为高电平,此信号的上升沿表示 A/D 转换完毕,常用作中断申请信号。

OE:输出允许信号,高电平有效,用来打开三态输出锁存器,将数据送到数据总线。

$D_7 \sim D_0$:8 位数字量输出端。

CLK:外部时钟信号输入端,改变外接 RC 元件,可改变时钟频率,从而决定 A/D 转换的速度。A/D 转换器的转换时间 T_C 等于 64 个时钟周期,CLK 的频率范围为 $10 \sim 1\ 280$ kHz。当时钟脉冲频率为 640 kHz 时,T_C 为 100 μs。

$V_{REF(+)}$ 和 $V_{REF(-)}$:基准电压输入端,它们决定了输入模拟电压的最大值和最小值。

GND:地线。

注意:数据输入端不能同时与前面电路输出端和数据开关连接。

54.3 实验设备

(1)双踪示波器、实验仪。

(2)DAC0832 D/A 转换器(一片)。

（3）ADC0809 A/D 转换器（一片）。

（4）μA741 运算放大器（一片）。

（5）数字电子技术实验箱。

54.4 实验内容

1. D/A 转换器（DAC0832）

（1）先按图 54.3 所示电路接线。

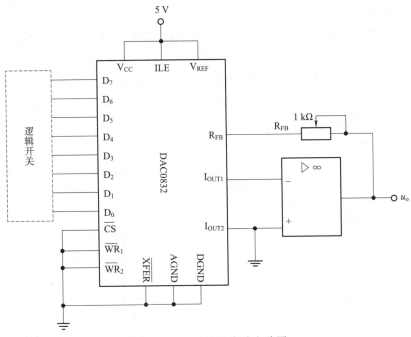

图 54.3 DAC0832 实验电路图

（2）调零：接通电源后，将输入逻辑开关均接 0，即输入数据 $D_7D_6D_5D_4D_3D_2D_1D_0 = 00000000$，调节集成运放的调零电位器，使输出电压 $u_o = 0$ V。

（3）按表 54.2 所示的输入数字量（由实验箱中逻辑开关控制），逐次测量输出模拟电压 u_o 的值，并填入表 54.2 中。

表 54.2 DAC0832 实验数据

输入数字量								输出模拟电压/V	
D_7	D_6	D_5	D_4	D_3	D_2	D_1	D_0	理论值	实测值
0	0	0	0	0	0	0	0		
0	0	0	0	0	0	0	1		
0	0	0	0	0	0	1	1		
0	0	0	0	0	1	1	1		
0	0	0	0	1	1	1	1		
0	0	0	1	1	1	1	1		

续表

输入数字量								输出模拟电压/V	
D_7	D_6	D_5	D_4	D_3	D_2	D_1	D_0	理论值	实测值
0	0	1	1	1	1	1	1		
0	1	1	1	1	1	1	1		
1	1	1	1	1	1	1	1		

2. A/D 转换器（ADC0809）

（1）按图 54.4 所示电路接线，C、B、A 接逻辑开关，当 C、B、A 均为 0 时，输入模拟信号 u_i（由实验箱的直流信号源提供）接到模拟信号输入通道 IN_0，将输出端 $D_7 \sim D_0$ 分别接逻辑指示灯 $L_8 \sim L_1$，CLOCK 接连续脉冲（由实验箱提供 1 kHz 连续脉冲）。

（2）调节直流信号源，使 $u_i = 4$ V，再按键输入一次单次脉冲，启动 A/D 转换，再观察输出端逻辑指示灯 $L_8 \sim L_1$ 显示结果。

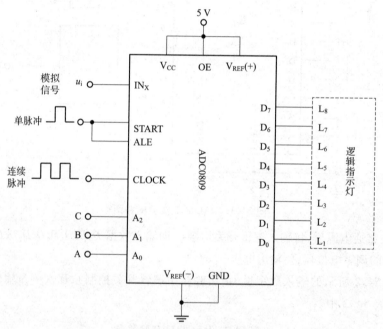

图 54.4　ADC0809 实验电路图

（3）按表 54.3 的内容，改变输入模拟电压 u_i，每次输入一个单次脉冲。观察并记录对应的输出状态，将对应的输入模拟电压 u_i 的值填入表 54.3 中。

表 54.3　ADC0809 实验数据 1

输入模拟电压/V	输出数字量							
	D_7	D_6	D_5	D_4	D_3	D_2	D_1	D_0
	1	1	1	1	1	1	1	1
	0	1	1	1	1	1	1	1

续表

输入模拟电压/V	输出数字量							
	D_7	D_6	D_5	D_4	D_3	D_2	D_1	D_0
	0	0	1	1	1	1	1	1
	0	0	0	1	1	1	1	1
	0	0	0	0	1	1	1	1
	0	0	0	0	0	1	1	1
	0	0	0	0	0	0	1	1
	0	0	0	0	0	0	0	1
	0	0	0	0	0	0	0	0

(4)按图 54.4 所示接线。C、B、A 接逻辑开关,按表 54.4 要求,改变 C、B、A 输入状态可改变模拟信号输入通道,并同时改变输入模拟电压 u_i 的值,记录 $IN_0 \sim IN_7$ 这 8 路模拟信号的转换结果,并将结果换算成十进制数表示的电压值,并与数字电压表实测的各路输入电压值进行比较,分析误差原因。

表 54.4 ADC0809 实验数据 2

模拟通道	输入模拟量	地 址			输出数字量								
IN	u_i/V	C	B	A	7	6	5	4	3	2	1	0	十进制
IN_0	4.5	0	0	0									
IN_1	4.0	0	0	1									
IN_2	3.5	0	1	0									
IN_3	3.0	0	1	1									
IN_4	2.5	1	0	0									
IN_5	2.0	1	0	1									
IN_6	1.5	1	1	0									
IN_7	1.0	1	1	1									

54.5 思考题

(1)D/A 转换器的转换精度与什么有关?

(2)D/A 转换器的主要技术指标有哪些?

(3)分析测试结果,若存在误差,试分析产生误差的原因有哪些?

(4)为什么 D/A 转换器的输出都要接运算放大器?

(5)A/D 转换器的主要技术指标有哪些?

54.6 实验报告

(1)总结分析 D/A 转换器和 A/D 转换器的转换工作原理。

(2)写出实验电路的设计过程,并画出电路图。

(3)将实验转换结果与理论值进行比较,并对实验结果进行分析。

附录 A　常用集成电路的型号及引脚图

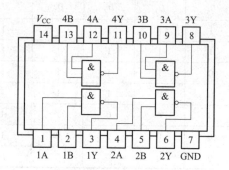

74LS00（二输入端四与非门）

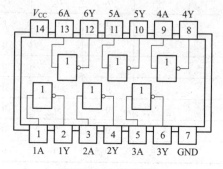

74LS04（六反相器）

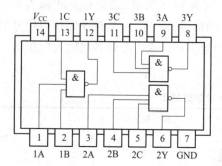

74LS10（三输入端三与非门）

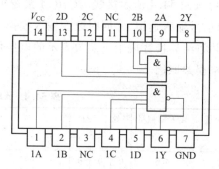

74LS20（四输入端二与非门）

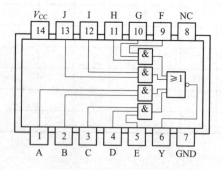

74LS54　（四组输入与或非门）

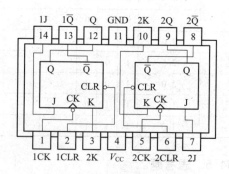

74LS73（双 J – K 触发器）

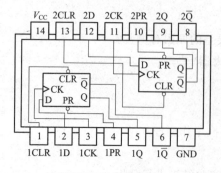

74LS74（双 D 触发器）

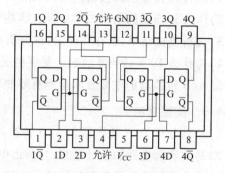

74LS75（四位 D 锁存器）

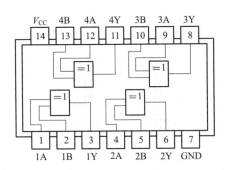

74LS86（二输入端四异或门）

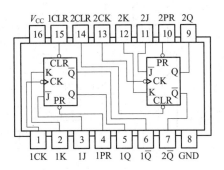

74LS112（双 J – K 触发器）

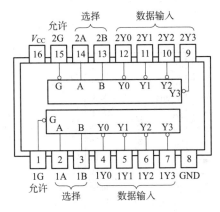

74LS139（双 2-4 线译码器 ）

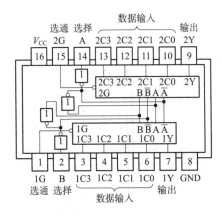

74LS153（双 4 选 1 数据选择器 ）

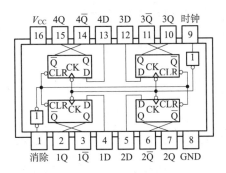

74LS175（四 D 触发器）

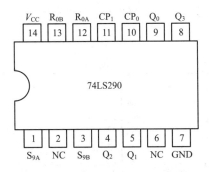

74LS290（2—5—10 进制计数器）

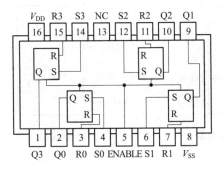

CD4043（三态输出四 RS 触发器）

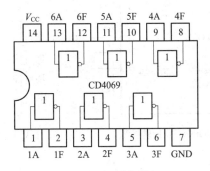

CD4069（六反相器）

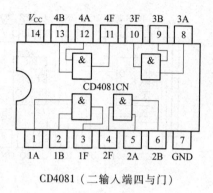

CD4081（二输入端四与门）

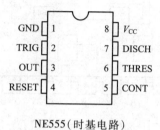

NE555（时基电路）

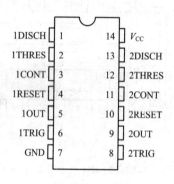

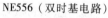

NE556（双时基电路）

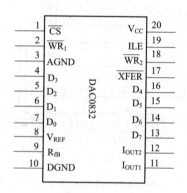

DAC0832（D/A 转换器）

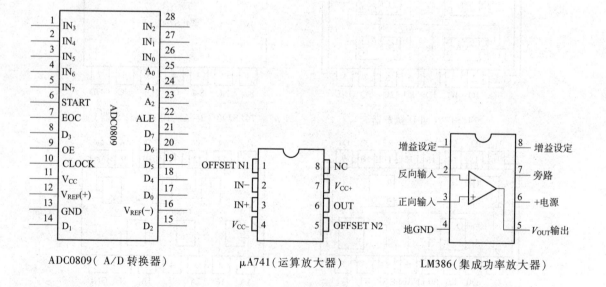

ADC0809（A/D 转换器）　　　μA741（运算放大器）　　　LM386（集成功率放大器）